JN307504

庫

養老孟司の人間科学講義

養老孟司

筑摩書房

養老孟司の人間科学講義【目次】

養老孟司の人間科学講義

第1章 人間科学とはなにか

科学は宇宙の起源や星の進化を論じ、物質の基礎をなす単位について語る。ヒトの遺伝子はすでに塩基配列がすべて解読された。われわれはそういう時代に生きている。それならわれわれが知っていることは、つまりなにか。

自分の脳のなかだけである。われわれが世界について、なにか知っていると思っているとき、それは自分の脳のなかにある「なにか」を指している。脳を消せば、その「なにか」が消えてしまうからである。それだけではない。脳のなかにないものは、その当人にとって、存在しない。私が知っているさまざまな昆虫は、多くの人にとって、まさに「存在しない」のである。

歯が痛いとき、われわれは当然、歯のことを直接に「知っている」と思っている。しかし、実際に知っているのは、脳のなかの知覚に関わる部位の、歯に相当する部分に、歯の痛みに相当する活動が起こっている、ということだけである。なぜなら歯から脳に至る知覚神経を麻酔してやると、もはや歯が痛くなくなる。それどころか、主観的には歯がなくなってしまう。だから歯医者に歯を抜かれても、「なにも感じない」。しかし歯では相変らず炎症が進行しており、歯に生じている実際の事情は、なんら変化したわけではない。だから「歯が痛い」と思っているとき、「歯に起こっていること」を知っているわけではない。「脳に起こっていること」を知っているだけである。

右の頭頂葉を含む卒中が起こると、左半身の麻痺とともに、疾病否認《しっぺいひにん》という症状が起こることがある。この場合、患者さんは起こった麻痺を徹底的に認めない。両手でお皿を持ってくださいというと、むろん片手で持つ。左手は動かないからである。左手を添えてくださいというと、添えてるじゃありませんか、という。両手を叩いてというと、いいほうの右手で手を叩く動作をする。それで手を叩いたと主張する。

この症状を消すのは、簡単である。片耳に冷たい水を注入する。そうすると、数十分のあいだ症状が消失する。このとき、医師が「両手を叩いて音を出してごらん」というと、患者は医師の顔をジロリと見て、「私は左手が麻痺しているんですよ、両手が叩けるわけがないじゃないですか」という。

これはふつうの人でも軽い程度なら始終やることである。私の祖父は自分の娘婿と夜道を歩いていて、光る点をみつけた。祖父はそれを「ヘビの目だ」といった。娘婿が「でも一つしかないじゃないですか」と指摘したら、「あれは片目のヘビだ」といったという。こうした合理化は、左脳の機能だということが、いまではわかっている。右脳の一部が壊れると、左脳の理屈がまったく訂正されない。そこで疾病否認が生じると考えられる。

われわれは「世界はこういうものだ」と信じているが、それは脳がそう信じているだけである。しかしそうだとわかったからといって、事情がさして変化するわけではない。相変らずの日常生活が続く。しかし、脳が信じているだけだということを知ることは、それでも大切なことである。なぜなら、たかだか一五〇〇グラムの自分の脳が、いわば「勝手に思っている」ことを根拠に、たとえば人を殺していいかという疑問が生じるからである。だから私は、どんな原理主義者にもなれない。まして唯一絶対の神など、信じない。なにか神様のようなもの、つまりもっと曖昧なものは信じるのだが。

「汝、自らを知れ」とは、ギリシャの神殿に掲げられてあった言葉だという。だからソクラテスは、無知の知を説いた。自分が知っていることは、自分がものを知らないということだけだ、と。

現代人は多くのことを知っていると思っている。それこそ万巻の書があり、ありとあらゆることが論じられているように思われるからである。ではわれわれは自分についてなにを知っているのか。それを考えてみたい。それが「人間科学」の基本である。

われわれが知っている世界は脳のなかだけだ。そういうと、じゃあ脳の外に世界はないのですか、と訊く人がいる。そんなことはわからない。その質問を発するのも脳なら、答えているのも脳なのである。脳のない生物は、そうした質問自体を発しないであろう。質問も答えも脳のなかだ。そういうと、それではグルグル回しじゃないか、と怒る人が多い。われわれの思考がグルグル回しじゃないと、どういう根拠があって信じているのか。考えというのは、結局はグルグル回しになるものですよ。そのこと自体を根拠においてものを考えて、なぜいけないのか。

もちろんものごとの順序からいうなら、外の世界があるから、脳ができてきたということになる。脳がその意味ではずいぶん後発の器官だということは、生物の進化を知ればよくわかることである。ましてヒトの脳に至っては、それが生じてきた時期は、進化の歴史を一年にたとえるなら、大晦日の除夜の鐘が鳴っている時刻にもならない。その脳が、二億年以上を生きてきた熱帯雨林を皆伐する。それを危険だと、どうして思わないのか。

幸か不幸か、われわれの脳は外界に向かって開かれている。それは日夜、外の世界からのありとあらゆる情報に接している。だからわれわれの脳は、じつは絶えず変化しているはずである。しかしヒトはどうも自分の変化を認めることを嫌う傾向があるらしい。だから外の世界をできるだけ固定してしまう。それが文明社会、私のいう脳化社会である。そこには脳に合った(と意識が思っている)世界が生じてくる。われわれはそうした世界のただなかに生きている。たまにはそれを反省してみることも、頭の体操くらいにはなるはずである。

自然科学の対象の拡大

ここ数年間、私はいくつかの大学で「人間科学」という題の講義をしてきた。具体的にはこれは、「ヒトとはなにか」を科学の視点から考えようとするものである。しかしそれなら、科学とはそもそもなにを扱うのか。

十九世紀から二十世紀前半の科学は、その対象を「物質とエネルギー」に限っていた。いまでもきわめて多くの科学者が、科学に対して、そうした古典的見解をとっているはずである。対象を限定するこうした態度は純粋であり、賞賛されるべきものだった。なぜそうなったかというなら、そうした禁欲的態度が、これまでの科学の「成功」の一因でもあり、日本文化の伝統の一部と共鳴したからでもあろう。ここではマックス・ウェーバーの名著『プロテスタンティズムの倫理と資本主義の精神』を、私はどうしても想起してしまう。ともあれ学者は、対象すなわち相手に対して禁欲的でなければならなかった。

私が解剖学を専攻していたころ、「解剖学とはなにか」という議論そのものは、むろん解剖学とはされなかった。解剖学自体は、物質でもエネルギーでもないからである。だからその種の議論は「哲学」だといわれた。この場合の「哲学」には、もちろん軽い非難の意味を含んでいる。解剖学者であれば、解剖学について考えるのではなく、物的人体という対象について考えろ、というわけである。

医学全体についても、話は同じだった。わが国では、医師の九割は医学を自然科学だと考えている。そういう世論調査もあった。それなら医師は自然科学者だということになる。ということは、自然科学についての古典的見解に従うかぎり、患者は「物質とエネルギーのかたまり」であり、それ以外のなにものでもないことになる。

これでは社会的に問題が起こるのは当然であろう。「患者をモルモット扱いする」という批判は、その一つの現われである。患者を診ずに、病気を診る。この傾向は、現代医学の通弊である。患者の状況は、現代の医学では具体的に「検査の結果」として把握される。検査結果とは、通常は身体に関する物理化学的な測定値である。身体をそのように翻訳することこそが、現代では正統な医学なのである。

物質とエネルギーは、アインシュタインの方程式によって等価とされる。つまり「同じ」だということである。だから古典的見解では、科学の対象はいわば単一だった。なにごとも唯一であることを好む態度が、ここによく出ている。神は一つ、真理は一つ、科学の対象もただ一つ、というわけであろう。

とはいえ、科学もどんどん変化する。現代の自然科学は、物質・エネルギー系としてだけでは、どうにも処理しきれない面を含んでいる。物質でもエネルギーでもない、もう一つの概念が、科学のなかに大きく入り込んできたことを見ても、それがわかる。もう一つ

マックス・ウェーバー Max Weber（一八六四 - 一九二〇）：ドイツの社会学者・思想家。歴史家から国民経済学者に転じ、晩年になって独自の社会学を確立した。『プロテスタンティズムの倫理と資本主義の精神』では、職業を神から与えられた「天職」とし禁欲的にこれに携わるというプロテスタント特有の職業観が、結果として近代資本主義を招いたと主張した。没後編纂された論文集に『宗教社会学論集』『経済と社会』などがある。

の概念とは、「情報」である。現代では、情報という言葉を抜きに、科学全体を語ることはできないのである。

⚜たとえば東京工業大学には、物理情報工学という部門がある。部門の説明には「物質を情報として扱う」と書かれている。この場合の情報とは、物質やエネルギーと無関係ではないが、なにか別なものであろう。コンピュータに対しては、情報機器という言葉が頻繁に用いられる。コンピュータおよびその論理を抜いたら、多くの現代科学が成り立たない。

情報という言葉を、人間に当てはめてみると、どうなるであろうか。人間とは、まさしく「情報のかたまり」である。人間に「情報系としての」という修飾語を加えてみれば、右の「自然科学的」医学の人間観に欠けたものがなんであったか、それが歴然と見えてくるはずである。

情報系としての人間

医学はたしかに人体の物理化学的側面を扱うが、同時に情報系としての人間を大きく扱わざるをえない。医学のその部分、ヒトを情報系として扱う部分を、古典的な「自然科学としての医学」は実情としては認めたが、「科学」としては認めてこなかった。患者の表情であるとか、痛みの性質であるとか、生活態度とか、診療のうえでは重要だが、物理化学的に把握しづらい面については、医師は「経験的」に学ぶことになっていた。いまでもそれは同じである。

❦だからこそ、某医師のように、「サリンの作り方」「サリンの生理作用」はよく知っているが、「サリンの撒き方」は尊師のいうがまま、ということになってしまったのであろう。サリンの作り方もその作用も物質・エネルギー系の問題だが、撒き方は違う。赤坂に撒くか、霞ヶ関に撒くか。それは「情報の問題」であって、物質・エネルギー系の問題ではない。「物質・エネルギー系のみが科学の対象であり、情報はそこに含まれない」。暗黙のうちにせよ、そう教えてきた人たちは、サリンを撒いた連中など、俺とは無関係だと思っているに違いない。本当にそうだろうか。

検査結果は物理化学的測定値だと述べたが、紙に書かれた測定値とは、じつは記号である。読まれることを前提にすれば、紙に書かれたとき、測定値は「情報化された」といってもいい。ただし技師が測定しただけで、結果が医師に伝えられていなければ、検査は無益である。「医師が読む」ことによって、まさに単に紙の上の数字に過ぎなかったものが、だしぬけにある意味を帯びる、すなわち情報化する。

自然科学の古典的見解のもとでは、「医師が検査値を読む」という行為は、自然科学の対象から外されたであろう。医師は検査値をどのように読むか。そうした設問は哲学なり、社会科学なり、心理学なりの対象と見なされたはずである。つまり「自然科学ではない」、と。しかし、医師が読まなければ、検査の意味はない。医師が読むことによって、検査値という記号は、情報に転化するのである。

❦科学哲学は認識におけるこうした面を取りあげて、広義には「理論負荷性」と呼んでいる。理論がなければ検査値はただの数字に過ぎず、とうてい「読めたものではない」からである。検査値に対して、それがたとえ自分の身体のものであったとしても、素人はほとんど判断ができない。あらゆる観測の背後には、理論が隠れている。つまり観測には、理論が負荷されているのである。ところで『現代思想』という雑誌のある論文では、この「負荷」が「付加」になっていた。おかげで話がよくわからなくなった読者もいたに違いない。

人間科学では、「医師が検査値を読む」という行為自体を、ヒトという動物の、脳という情報器官の機能だと見なす。それは人間科学という「科学」の対象となる。そうした見解に、新しいものはなにもない。そういう反論があるかもしれない。私の立場からすれば、それは反論ではない。なぜなら私は、今後ともこの人間科学において、新しいことなど主張するつもりはない。自分が当たり前だと思うことを、当たり前に述べようとしているだけである。たかだか自然科学の対象に関する古典的見解が、きわめて狭量ではなかったかと、ここでは指摘しているだけである。情報という概念をはじめから科学の対象に含めるべきではなかったか、と。のちに議論するように、じつはそれは科学に含まれていた。ただほとんどの科学者がそう思っていなかっただけである。

現在の人間科学

私のいう意味での人間科学は、とりあえず頭のなかにしかない。しかし「人間科学」には、すでに社会的実体がないわけではない。人間科学という言葉は、いまでは公式によく使われているからである。いくつかの著名な大学に、人間科学ないしそれに類似の名称がついた学部がある。ではその正体がなにかというなら、統一された学ではなく、複数分野の専門家の集合というのが実情であろう。

専門家の集合には長短両面がある。利点はむろん異分野の人たちが集まることによる相互刺激である。外国の例でいうなら、ミツバチの研究でノーベル賞を受賞したカール・フォン・フリッシュが、ミツバチが偏光を利用することを知ったのは、大学でのお茶の時間

カール・フォン・フリッシュ Karl von Frisch（一八八六‐一九八二）：オーストリアの動物学者。比較行動学の創始者のひとりとして知られる。ミツバチが色の感覚を持つことや、行動（ダンス）に「言語的機能」があることを証明するなど、動物の感覚生理と行動の研究で高い評価を得た。一九七三年、コンラート・ローレンツ、ニコ・ティンバーゲンとともにノーベル医学・生理学賞を受賞。

に、物理学者からヒントを与えられたのだと自分で書いている。

専門家の集合の短所をいうなら、総合性を欠くことであろう。具体的には、いつまで経っても専門家の集まりで止《とど》まる。なぜなら、専門分野とは、その分野の前提を当然として受け入れたところに成立するからである。前提を問うことは専門分野には入らない。しかし前提を考えなければ、総論はできないのである。

❦日本の場合、とくに総合性を欠きやすい状況が存在する。研究者はそれぞれの専門分野で業績を上げようとする。評価はその専門分野でなされるからである。それなら本人の顔は、実質的には専門分野にしか向かない。そのなかでの毀誉褒貶が将来を決定するからである。学会に出席するとすれば、それぞれの専門分野の学会ということになる。それなら自然に、つきあいもその分野の人ということになる。そこには日本的「世間」が成立する。その世間がつまり「実体としての専門分野」であり、それなら看板である人間科学とは関係がない。その意味では、「人間科学」という総論は、実質的には不要だということになってしまう。極論すれば、文部科学省向けの看板としておいておけ、ということになる。

いまでは専門分野自体が、なんとも多岐にわたるのはご存じのとおりである。医学の分野には、四年に一度、医学会総会がある。このときには医学に関係するそれぞれの学会が、合同して開催されることになっている。医学関係の学会がいくつあるか、私は数えたことがない。しかし、百を超えることは間違いないであろう。そのほかにも、おびただしい数の小さな学会がある。学会は「学」の実態をあるていど表している。関係者が不在では、学会が成り立たないだろうからである。それなら人間科学会はどうかというなら、私はそういう学会の存在を聞いたことがない。あるかもしれないが、すくなくともそれは、「人間科学」ないし類似のタイトルが付されている学部や学科に見合うだけの人数を集めているはずはない。

こういう場合にしばしば浮かぶ疑問は、外国ではどうなっているかであろう。英語であれば、人間科学はヒューマニスティックス、あるいはヒューマニスティック・サイエンスとでもいえばいいのかもしれない。しかしそうした意味の学は、日本でいうなら人文科学ということになる。歴史学のような学になってしまうのである。それは私が考えている「人間科学」と折り合わない。自然科学系が含まれないという印象を帯びるからである。それなら文化人類学はどうか。これも典型的な人間科学だが、都合が悪いことに、これは一種の専門分野としてすでに成立している。内容もこれから述べようとする人間科学と、いささか違っている。

普遍としての人間科学

じつはここで定義しようとしている人間科学は、おそらく西欧風の科学ではない。基礎学としての人間科学という見方には、いわゆる西欧風の学問への反論という意味合いを含んでいる。

よく知られているように、日本の科学の専門分野は、十九世紀の西欧の諸学をそれぞれ各個に取り入れたものである。「科学」という言葉自身が、「分科の学」という意味であったと、科学史の専門家はいう。したがって、日本の科学が全体としてバラバラという印象を与えるのは、その意味では必然だった。他方、西欧発の学問には、本来それなりの統一があった。もとはといえば神学やら哲学に発しているからである。ところが日本の場合には、歴史的な経緯があって、そうした統一が哲学に頼れなかったという事情がある。

❦明治に西欧の文物を取り入れたとき、その基礎には和魂洋才があった。これをもっとも具体的に示すのは、教育勅語であろう。江戸幕府と同様に、明治政府はキリスト教を警戒した。教育勅語が公布されたときの文部大臣は芳川顕正である。芳川は、「教育勅語に入れなかったものが二つある、それは宗教と哲学だ」といったという。当時、宗教と哲学を話題にすれば、それはどうしてもキリスト教に関連するものになったに違いない。したがって明治政府はそれを避け、それに「代わるもの」として勅語が与えられた。

戦後、教育勅語は徹底的に消された。私の持っている百科事典には、教育勅語の項目はあるが、原文は載っていない。にもかかわらず、リンカーンのゲティスバーグの演説は、この事典では全文を英語で載せてある。いまでも日本の公教育では、宗教と哲学を教えない。「そんなものは、教えるべきではない」というのが、先生方の暗黙の了解であろう。その精神そのものの由来は教育勅語である。形に表れた勅語という文章を消したために、「宗教と哲学は教えない」という基本精神は暗黙のうちに残った。これ自体が「和魂洋才そのもの」であることは、考えてみればわかるはずである。

ではわれわれの学問における「一般的基準」とはなにか。西欧のそれが、結局は神であることは否定できない。なぜ、「客観的に」天体の運行を調べることができたかというなら、その背後に万物の創造主である神の意志が措定できたからである。ではなぜ神が創造主なのかというなら、それこそが神学の長い伝統のなかで培われた思想だからである。西欧の言語であれ、文化であれ、そうした伝統に千年以上は浸っている。

そんなものが、われわれにあるはずがない。それをいうと、キリスト教徒には叱られるかもしれないが、日本の人口のなかでの、キリスト教徒の占める割合を考えていただければ、統計的な結論は明白であろう。ではふたたび、われわれの基準とはなにか。それこそが「人間」であろう。

「なにをするにしても、所詮は人間のすることですからネェ」。これは私があるインドネシア人と話していて、聞いた言葉である。この人はイスラム教徒だということだったが、これを聞いた瞬間、あんたはイスラムじゃないよ、と私は思わず口走ってしまった。山本七平風にいうなら、アジア教徒イスラム派であろう。

もし人間を普遍的尺度として、なにかを説明したとするなら、その説明は人間である以上は、ヨーロッパ人であろうが、イヌイットであろうが、だれにでも該当しなくてはならない。すなわちそれは普遍的説明となる。では、人間は普遍的尺度たりうるのか。もともと人間は、自分を尺度に世界を計っている。それこそ当たり前の話ではないか。私はそれを情報という視点から、客観化しようと考えているだけである。ただしそれを具体的に行うためには、おそらく長い作業が必要である。だから人間科学なのである。

もともと人間は自分を尺度に世界を測る。人間が考え、意識することは、脳がすることである。脳とは身体の一部である。それなら身体と脳のはたらき、それがじつは人間にとっての世界の尺度であるというのは、あまりにも当然の話であろう。

しかしそれでは、どこか世の中の具合が悪くなる。そういう経験があったからこそ、神を持ち出しただけのことであろう。なぜ具合が悪くなるかというなら、人間は得手勝手なもので、自分が神になろうとするからである。つまり個人が絶対的尺度になろうとする。神でなくても、教祖になる人なら、いまでも少なからずある。だからもちろん「人間という普遍的尺度」は「科学的に」「客観的に」規定されなくてはならない。ただしその科学が物質・エネルギー系だけを対象とするなら、人間活動の大部分が抜け落ちてしまう。だからそこに「情報」を含めるべきなのである。したがってここでの人間科学は、物質・エネルギー系に加えるに情報という視点から、人間を考えることになる。

❦人文・社会科学を含めた広義の科学を考えれば、それでいいじゃないか。あえて「人間」科学という必要がどこにあるか。それがおそらく現在の常識であろう。万物の尺度がヒトだという前提を認めるなら、私にとってもそれでいい。ここでいう「人間」科学という表現には、その意味が強く含まれているのである。物理学者なら、この世界は素粒子の集合だというかもしれない。しかし私にとっては、それはなによりまず人間の集合である。物理学は人間による世界観の一つであり、人間を消してしまえば、素粒子がどうであろうと、関係はない。

第2章　ヒトの情報世界

ヒトの情報世界は二種類ある

日常生活の情報といえば、新聞記事やテレビのニュース、あるいは友人知人から聞いたことなどを指す。ではその情報が「流れている」場所はどこか。もちろんそれは社会であるというしかない。

それならあなた自身のなかで、そうした情報を扱う場所はどこか。それが肝臓でも腎臓でも肺でもないことは、はっきりしている。そうした情報に関わっているのは、個人については脳である。

一般的にいえば、情報にはそれが流通する場と、変換・翻訳の場とがある。日常の情報、つまり脳が関係する情報では、流通の場は主に社会であり、変換・翻訳の場は脳だということになる。さらに情報の「実体」は、脳に関する情報についていえば、なんでもいいとはいわないまでも、音声や文字や画像など、じつにさまざまである。

ところがヒトについて、もう一つ、これとは別に「情報」と呼ばれるものがある。それは遺伝子である。生物学に関心がなくても、遺伝情報という言葉なら、たいていの人が聞いた覚えがあるのではないか。この「遺伝情報」は、右に述べた脳に関係する情報とは明らかに違う。生物であれば、大腸菌であれキノコであれヒトであれ、すべて遺伝子という情報を利用している。つまり遺伝子という情報は、全生物という広い世界で流通しているのである。

それならその情報はどこで「翻訳される」のか。その翻訳の場は、むろん脳ではない。細胞である。細胞は遺伝子の翻訳と複製の装置を持っている。翻訳・複製されるのは、ふつうは自己の遺伝子だが、その遺伝子がウィルスのものであってもかまわない。もしこの翻訳複製装置がなければ、ウィルスはいつまで経ってもウィルスのままである。テレビのニュースが録画されたビデオテープのようなものと思えばいい。そのままにしておけば、いつまで経ってもテープのままで、ニュースとして、つまり「情報として」見られることはない。遺伝子もこれとまったく同じである。遺伝子そのままを放置しておけば、それは

翻訳：DNAの持つ情報は、そのままでは使えない。いったんmRNA（メッセンジャーRNA）に転写して、タンパク質合成の鋳型をつくる。mRNAはその遺伝情報を持って核外に出、細胞内小器官でtRNA（転移RNA）と接合、三つ組の塩基（コドン）がひとつの暗号となってタンパク質のアミノ酸配列に変換される。このようにRNAの塩基配列がアミノ酸配列に変換されることを翻訳という。

複製：細胞分裂の際、二重らせんの平行に向かい合う鎖がほどけ一本ずつの鎖がひとまずできる。その後それぞれを鋳型にした新しいDNAが合成されて、もとの塩基配列と同じ二重らせんが二つできる。その過程をDNAの自己複製という。複製の際、間違った塩基と対をなす（変異）ことがあるが、その損傷を修復するメカニズムもまた、生体に備わっている。

ＤＮＡという化学物質の粉末にすぎない。生きた細胞の持つ翻訳複製装置がなければ、永遠に粉のままなのである。いつまで経ってもそのままというのは、じつは情報の一般的特性である。それについては、後に詳細に述べることにする。

❦ウィルスはしばしば中心に遺伝子としてはたらくＤＮＡあるいはＲＮＡを持ち、その周囲をわずかの種類のタンパクが囲むという構造をしている。ウィルスが結晶化された事例は、タバコモザイクウィルスが最初だった。こうしたウィルスは自分自身で増えることはできない。結晶化することからわかるように、ウィルスはタンパク質や核酸といった物質の組み合わせというしかない。だからウィルスはなんらかの他力で移動し、既存の生きた細胞にとりつき、つまり感染し、その細胞の装置を利用して増殖する。

ともあれこれで、ヒトに関係する情報の種類が出そろった。一つは脳という装置を通してはたらく情報で、もう一つは細胞を通してはたらく遺伝子である。ヒトが利用している情報には、この二種類しかない。それがこの項の第一の結論である。

細胞を通してはたらく情報が遺伝子つまりＤＮＡだというのは明白だが、それでは脳を通してはたらく情報とはなにか。

脳が産生・処理する情報は、遺伝子＝ＤＮＡのように単一ではない。したがってそれを「遺伝子」のように、端的な言葉として表現することができない。「脳が産生・処理する情報」というふうに、ややこしくいうしかないのである。そのはたらきには二面がある。一つはヒトが住む外界を情報化すること、つまり世界像の構築である。もう一つは、ヒトとヒトの間をつなぐ、すなわち脳と脳とをつなぐはたらきである。こちらはふつうコミュニケーションと呼ばれている。

言葉は世界像を構築すると同時に、脳と脳とをつなぐ。新聞記事であれテレビのニュースであれ、その主体は言葉である。言葉にある意味で似たものは、じつはいくつもある。美術がそうだし、音楽もそうである。そうしたものをすべてひっくるめて、ここでは表現と呼ぶことにする。脳はさまざまな表現を作り出すが、それが他のヒトの脳で「翻訳され」、情報となる。

ヒト以外の生物は、新聞を読まず、テレビ・ニュースを見ず、うわさ話をせず、美術館にも音楽会にも行かないであろう。つまり脳に関係した情報が、遺伝子と「同等」に重要になるのが、ヒトの世界である。ヒトと動物の明確な違いをいうなら、ヒトの特徴とは、遺伝子に対して、脳が扱う情報が相対的に肥大することだといえる。それが他の動物に比較して、ヒトの脳が大きいということの実質的な意味である。

こうして、ヒトは二種類の情報世界を生きている。一つは脳とその情報の世界あるいは意識的な世界であり、もう一つは細胞と遺伝子の世界、つまりほぼ完全に無意識の世界である。換言すれば、脳の世界はいわゆる心や精神、社会や文化の世界であり、細胞と遺伝子の世界は身体の世界である。そう思えば、情報という新しそうに見える概念から見ても、伝統的な見方で見ても、ヒトの世界が心身にほぼ二分されることは同じである。

遺伝子と細胞

子どもは親に似る。これは個体の形質が世代を超えて伝わることである。だから「遺伝」子という名称がある。個人の形質が伝わるだけではない。ヒトの子はヒトという種の特徴を示す。これはヒトという種の特徴が、多くの世代を超えて伝達されている、ということである。それを担うのがゲノムである。

ゲノムとは遺伝子の集合であり、その種を成立させるために必要な一セットの遺伝子のことである。したがってゲノムは、具体的にはヒト・ゲノムのように、種名をその前につけることになる。ゲノムは木原均によって最初に定義された概念である。

こうした遺伝子が「機能する」場は、細胞である。ところが細胞は、それ一つで「生きており」、生物の基本的な性質を一通り備えている。単細胞生物を考えてみれば、それは明らかであろう。具体的には、環境から物質を取り込み、代謝活動を行い、エネルギーを産生し、増殖する。つまり「生きている」という機能を果たすために必要な情報が遺伝子である。

われわれの身体でも、細胞のなかで遺伝子が絶えず翻訳されている。たとえば代謝活動に必要不可欠な酵素タンパクの構造は、遺伝子という情報に記されているから、必要に応じて細胞はそれを読み出さなくてはならない。遺伝子のこの面でのはたらきは、世代間での情報の伝達を意味する「遺伝」とは直接の関係はない。その意味では、日本語の遺伝子という表現は、意味が狭すぎて誤解が生じる可能性があり、あまりうまくない。中村桂子氏は、むしろ「生成子」「起因子」といった表現が適切だろうと述べている。遺伝子を意味するジーンgeneという英単語にも、「遺伝」という意味は含まれていない。この単語は創世記をジェネシスGenesisというときのジェネgene-と同根である。つまり起源を意味している。

先に遺伝子は翻訳・複製される、という面倒な表現を用いた。このときの翻訳とは「生きている」機能に関わる面であり、複製が「遺伝」に関わる面なのである。もちろん個体のなかでも遺伝子は複製されるから、複製は遺伝だけに関わるわけではない。ともあれ遺伝子すなわちDNAは、一種類の分子であるのに、この二面の機能を果たすという器用なことをしている。

じつは脳が扱う情報としての言葉でも、事情は似ている。言葉は世代を超えて「複製」される。日本語は日本社会に生まれた新しい脳のなかに、あらためて植えつけられる。いわゆる文化的伝統とは、世代を超えて伝達される脳の情報＝表現を意味している。それと同時に言葉は、脳内での思考や個人間の情報伝達という、当座の機能をも担っている。それはちょうど細胞内でタンパクを合成するために、遺伝子が翻訳されるようなものである。

この遺伝情報は、われわれの身体的形質をどのていど規定しているであろうか。これを直感的に理解するには、一卵性双生児が便利である。一卵性双生児は一個の受精卵がなにかの事情で割れて、二つの個体が生じたものと見なされる。したがって二つの個体間で、遺伝子はまったく同じである。これを自然が作り出したクローンと見ることもできる。かならずしも双生児とはかぎらず、三つ子以上の場合も論理的にはありうる。アルマジロでは一腹の子がすべてクローンだといわれる。

⚘一卵性双生児の形質は、その形質が遺伝的であれば、二人の間で一致するはずである。だから身体の見た目の類似は、一卵性双生児ではきわめて強い。それは個人識別に伝統的に利用されてきた、指紋についてすら当てはまる。一卵性双生児の指紋の隆線数には違いが見られるが、それは指紋が発生する妊娠四、五ヶ月くらいの時期に、両者の指の大きさが違っていたことを示唆する。むろんその裏には、そうでなければ、隆線数も違わないはずだ、という前提がある。発生期に指紋や毛のような皮膚の構造は、一定の皮膚面積のなかに一つ生じると思われるので、指紋が発生した時期に、指腹の面積がたまたまやや大きかった方の個体では、隆線数が増える結果となるはずなのである。

遺伝子によって身体的形質が決定される以上は、脳もその例外ではない。多くの疾患で、その遺伝性を知るために、双生児の調査が行われる。完全な遺伝性疾患があるとすれば、一卵性双生児での一致率が一〇〇パーセントになるはずである。もちろん実際にはそうはならない場合が多い。米国の調査でいうと、たとえば精神分裂病では、算定法にもよるが、一卵性双生児で三〇パーセント前後の一致率を示す。その率自体は、二卵性双生児の一致率に比較して、三倍から五倍となっている。この結果は、分裂病における遺伝子の関与の度合いを、あるていど示していることになる。

夢の研究者である、フランスの生理学者ジュヴェは、あるパーティーで出会った一卵性双生児についての逸話を記している。ジュヴェが夢の研究者であることを知って、双子の一方がジュヴェに、自分がいつも見る夢というのを語りはじめた。その話の途中から、双子の他方が割り込んで、夢の続きを話したという。もちろんこの例では、双子の脳が遺伝的に類似しているから同じ夢を見るのか、育った環境が同じだからか、遺伝子が同じであるために環境に対する反応が似ているからか、いずれも関係しているのか、それはわからない。

遺伝子と脳の関係については、後にまた触れる。ここでは分裂病と夢という、二つの実例を挙げるに止めておく。

脳が扱う情報

では、脳が扱う情報の正体はどういうものか。遺伝子の場合と違って、その正体が正確にはまだ規定できないことが、脳を細胞‐遺伝子系と比較して論じようとするときの最大の問題である。

念のためだが、ここで遺伝子や言葉それ自体は、まだかならずしも「情報」ではないということを再確認しておく必要がある。より正確にいうなら、遺伝子すなわちDNAも、言葉も、それ自体は情報を担う記号である。記号化、コード化、暗号化されていることは、遺伝子と言葉という情報の基本的性質である。

遺伝子における情報は、糖と燐酸と塩基というDNA分子を構成する要素のうち、アデニン、チミン、グアニン、シトシンという四種の塩基の配列として記号化されている。これを短くA、T、G、Cと表記するのが一般的である。たとえばアミノ酸は、こうした塩基三つの配列によって記述されることになる。

すでに述べたように、脳はテレビ画像、美術、音楽、建築といった、言葉とは性質が違った情報も取り扱う。これらの情報は、それ自体が明瞭に記号化されてはいない。仮に情報を記号化されたものに限ると定義すれば、脳の扱う情報は基本的に言葉のみだ、ということになりかねない。実際に「言葉にならないものは存在しない」という西欧的な感覚は、それを指しているともいえる。しかし脳の扱う情報は、間違いなく言葉以外のものを含んでいる。したがってここでは情報を広くとり、遺伝子と言葉という、記号化されていることがすでにわかっている情報を、情報の典型例、狭義の情報と見なしておく。

さらに動物の脳について考えるなら、情報の意味を広くとっておく必要は明らかであろう。動物の脳は体系的に記号化された情報すなわち言語を、自然状態ではふつう扱わない。しかしその動物の脳が、さまざまな情報を扱うこともまた確かなのである。それが動物の脳においてもはたして「記号化」されているのか、されているとしたら、どのように記号化されているのか、それはもちろん個々の場合によって異なるはずであり、はっきりしていない。

コンピュータは二進法で記号化された情報のみを扱う。その意味では、コンピュータは脳のような一般的な情報装置ではない。工学的にいう情報とは、そうした記号化に関わる概念である。だからたとえばビット数のような規定がそこでは成立する。ここの議論でここまで用いてきた「情報」とは、そうした工学的に定義される情報より、むろんはるかに意味が広い。

遺伝子と言葉を情報として対置することに、違和感を持つ人もあるかもしれない。ヒューマン・ゲノム・プロジェクトによって、われわれヒトが持つ全遺伝暗号（ゲノム）が解読された。ヒト・ゲノム・シークエンスは、しばしば、ATGCという四文字のアルファベットで書かれた文字数三十億の書物にたとえられる。これはまったく書物であるというしかない。それを「読むことができる」ためには、単語の意味、すなわち遺伝暗号をまず知る必要がある。さらにこの書物は、しばしば機能による段落に分けられているはずである。たとえば同じ代謝系に属する酵素は、あるまとまりをなして、順次並べられている可能性がある。こうしたすべてを読み解くために、われわれは遺伝暗号の文法を解明する必要がある。ともあれ記号化された情報は、いずれにせよ言葉に近いものになってしまう。さもなければ、そもそも脳はそれを理解できないではないか。

脳はニューロンと呼ばれる細胞の集合である。個々のニューロンは、細胞として特殊な性質を帯びるとはいえ、要するに一個の細胞でしかない。したがって一個のニューロンのなかでは、単に遺伝子という情報が機能しているだけである。だから専門の学会においても、ニューロンそのものの研究は「進んでいる」し、さまざまなニューロンの性質も比較的よくわかっている。

ところがこのニューロンが集団になると、単一細胞である個々のニューロンとは違って、遺伝子とは別種の情報を処理することが可能になる。第一にそれはニューロンが刺激を受けて興奮する、すなわち電気的インパルスを発生するという性質を持つからであり、第二にその興奮がシナプスを介して次のニューロンに伝えられるからである。興奮が伝わるということは、一個のニューロンを考えたのでは、当然ながら話が済まないということである。したがってこちらは、遺伝子とは違って、どうしても話が面倒くさい。

こうしたニューロンどうしの結合関係はむろん一対一ではない。脳のなかでは各ニューロンは千から一万という数のシナプスを持つ。このすべてが、それぞれ別なニューロンからの入力を受けるというわけではないが、ニューロンの結合関係の複雑さを示すには、この数字で十分であろう。そのうえ、ヒトの大脳皮質を構成するニューロンの数は、千億の桁に達するとされている。しかもシナプスには興奮性と抑制性の二種類がある。興奮性のシナプスは、入力側のニューロンの興奮性を高め、抑制性のシナプスはその逆のはたらきを持つ。さらにこうしたニューロンは、いくつものグループを作り、そのグループがいわば階層的に配列する。したがって単純に神経回路というけれども、そのややこしさは、よく考えてみれば、じつは想像を絶する。

多くの脳に関する一般書では、だからここで説明を打ち切る。いまのところ、実際にそれ以上の議論は、実際の脳に関する限り、きわめて専門的になってしまう。そのため脳は難しい、わからないという話になる。しかしその先まで無理に押して考えたら、話はどうなるであろうか。

一つのやり方は、単純な脳のモデルを考えることである。階層的に配列する神経細胞、それらをたがいに結合するシナプス、さらにそのシナプス結合の正負の重みづけを考える。そうすれば、これに対応するニューラル・ネットワークが構築できる。これをコンピュータとして実際に作ることも可能だし、数学的に、つまり理論的に取り扱うことも可能である。こうしたニューラル・ネットワークは、脳が行う仕事のかなりの部分を行うことができる。とくに認知や知覚に関係した脳の構造と機能は、ニューラル・ネットとして、ある程度実現可能であることが多い。また実際の脳の構造や機能がニューラル・ネットの予測に一致することもしばしばある。それならニューラル・ネットからたとえば意識が構築できるかというと、まだいささかためらいがあるというのが現状であろう。コンピュータと脳はやることは似ているが、実際の機構がどこまで同じか、意見の分かれるところである。

❦ニューラル・ネットは脳機能の有効なモデルである。それが実際の脳機能と「同じではない」というのは、モデルである以上は当然というしかない。しかも実際の脳より単純であることも、モデルである以上は当然であろう。モデルが完全に脳と同じになれば、それはモデルではなく、脳である。その点で、脳の理解とは、本質的に奇妙な点を含んでいる。その奇妙さは脳を理解するのも脳だという、単純な自己言及の矛盾に戻る。「理解する」のが脳だとしたら、その脳を理解するのはだれか、それはいったいどういうことか、というわけである。

ただしニューラル・ネットワークは、従来の科学における理論モデルとは違う特徴がある。それはモデルがコンピュータという実際の機械として実現できることである。脳が脳を理解するのには、自分と似て非なるものを作るのがおそらく最善なのである。脳に似た機能、つまり情報機能を果たす臓器は、脳しかない。したがって、普通の臓器ならありうるアナロジーとしての理解が、脳の場合には成り立たない。それを成り立たせるためには、「似て非なるもの」を人工的に作るしかないのである。

計算機の出現以前に、計算なんて機械がすべてやるといえば、信用する人としない人に分かれたに違いない。機械的記憶はまさに機械が優れているし、現在ではパタン認識、翻訳も機械が行うことが多い。コンピュータが脳でないことはわかりきっているが、コンピュータが情報機械として脳にきわめて類似していることも明らかである。コンピュータは脳と違うという点を、多くの専門家が強調するのは、むしろ脳とコンピュータは違う、人間は機械ではない、という社会的「偏見」を知っているからであろう。私自身はむしろコンピュータと脳を、世間で思われているていど以上に同一視していいと考えている。

脳においては、すべての情報はニューロンの興奮、すなわちインパルスに関連した「なにか」に翻訳されるとしか考えられない。脳のなかには、いまのところそれ以外の明瞭な機能単位は見つかっていないからである。そこまではいい。しかし個々のインパルスは、神経生理学が説くように、悉無律《しつむりつ》に従う。つまりディジタルである。ゆえにインパルスそのものが脳で情報が記号化するときの基本単位であるとすれば、脳におけるすべての情報は、きわめて単純に、ディジタルに記号化されていることになる。

しかしもちろん、それでは多くのことが説明できない。そもそもわれわれがアナログという概念を思いつくこと自体が、なぜだ、ということになってしまう。アナログであれデイジタルであれ、それを考えているのは脳だからである。

脳における情報のコード化を考える場合に重要なことは、インパルスが時間的な現象だということである。ニューロンが興奮して、つまりインパルスを発生して、もとの静かな状態に戻るまでに、一定の時間がかかる。ところが記号は本質的に時間を含んでいない。したがって脳における情報の根本的な問題の一つは、インパルスという時間的事象を直接の単位とするかどうかはともかく、それに関連して、どのように時間を含まない記号単位に相当するものを構成したらいいか、ということなのである。

言葉を例にとるとしよう。「言葉」という単語は、脳のなかでどのような現象に変換されているのであろうか。即座に邪魔になるのは、言葉という単語つまり記号が時間を含まない、つまり固定しているように思われるのに対して、脳のなかで起こる現象はすべて時間を含んでしまうという点である。そこでわれわれは、インパルスをニューロン機能の最小単位とすることは認めるにしても、そこから次に時間を消去した記号を、具体的にどうやって作るのかという問題に直面することになる。

神経回路の動きを、たとえば波のように想像してみよう。まったく同じ周期の波と波がぶつかると、もし位相が完全に一つ、ずれていれば、波の山と山、谷と谷が重なる。したがってそこに現われてくるのは、二倍の山と谷である。位相が半分ずれていれば、山と谷が消し合い、波が消えてしまう。光でいうなら、たとえばそこに同心円状の回折リングが見えてくる。波どうしが似てはいるが、まったく同じではないという場合には、さまざまなバー・コードのような模様が見えてくるであろう。いまのところ、脳のなかで生じている情報のコード化については、そんな例を挙げるしかない。

❦脳内に固定した記号が存在すると考える必要はない。そういう意見も当然ありうる。脳内にないからこそ、脳は言葉を記号として外部的に固定するのだ、と。ニューラル・ネットやアフォーダンス理論で考えられる脳の姿は、むしろ脳内における固定的な記号の存在を消去しようとする見方であろう。

ふつうのコンピュータ機能が、〈0、1〉を基本とする直列的な論理演算の繰り返しでできている一方、ニューラル・ネットはそうした直列的な演算ではない。まさに同時並列処理なのである。同時並列処理では、入力と出力が問題になるのであって、途中は論理演算であるとも、そうでないともいえる。ニューラル・ネットの場合、ネットのな

アフォーダンス affordance：生物は脳によって情報を処理し、行為を選択しているという考え方に対し、むしろ生物を取り巻く環境こそ無数の情報に満ちており、そこには行為だけが選択することのできる情報の意味があるという理論。アメリカの認知心理学者ジェームス・ギブソン（James J. Gibson）によって一九六〇年代に提唱された。

かで「なにが起こっているか」は、さして重要ではない。入力に対して、適切な出力が得られればいい。その出力を外部で(言葉のように)記号として固定すれば、まさに言葉が得られる。

その言葉をわれわれは外部に出さずに、「頭のなかに」言葉として表象できる。それなら脳機能にはやはり「固定した記号」を生み出す能力があると見ていいかもしれない。少なくとも私は、この問題に対して自分では正しいと思われる解答を持っていない。

ニューラル・ネットの「なかでなにが起こっているか」という疑問と、脳科学についての疑問は、たがいによく似ている。ネットのなかで起こるできごとは、ネットの入出力とは、ある意味では「関係のない」できごとである。われわれが外界を見ている場合、「意識的に目に見えているもの」が、脳科学ではニューロンの活動になってしまうという説明を考えれば、よくわかるはずである。だから文学系の人たちの典型的な疑問である「なぜ電気的現象が意識を生むのか」というのは、その意味では「わかる」。電気的事象と意識は、それ自体は関係がないからである。それはニューラル・ネットのなかの、それぞれのシナプスの重みづけが、ニュートン的因果関係という意味での因果関係ではないことと関連している。その意味で脳が「難しい」というのは、因果関係的理解に、ふつうの人が慣らされきっていることの反映であろう。説明なら、ニュートン的因果関係の説明に違いない。人々はあらかじめそう思ってしまうのである。

説明とは、なにかある実体を、脳機能によって単純化、記号化することである。したがって脳機能を説明するということは、脳機能という「実体」を、単純化し、記号化してみせることである。ところがその説明をするのは脳である。その脳は、単純でもなく、記号でもない。つまり説明に継ぐ説明というのは、説明にいわば運命づけられた性質である。それは当然で、説明は記号であって、実体ではないからである。

コンピュータ内部で扱われている自然言語は二進法化されている。しかし自然言語それ自体は二進法で表記され、二進法で取り扱われているわけではない。この例でわかるように、いったんコード化されてしまっているものを、別な形でコード化することはやさしい。日本語をローマ字で書くことは簡単にできる。問題の困難さは、時間的に経過していく自然の事象を、脳がどのようにして固定した記号に変換しているか、という過程にある。しかしその困難さをあまりに強調するのは、問題の解決に対して、おそらく適切ではない。脳は実際にそれをやっているとしか思えないのだから、「どうにかして」やっているに違いないのである。

先に脳は相互間のやりとりに言葉を利用するほかに、世界像を構成すると述べた。これはヒトの場合を想定したからだが、動物の場合には、脳の相互間のやりとりではなく、世界像の構築、つまり外部環境の把握が、脳の主要な機能となる。その結果構築される世界像が、動物によっていかに異なるはずかを、最初に興味深く指摘したのはヤーコプ・フォン・ユクスキュルである。こうした世界像は、それぞれの種の脳のなかで、いわば「情報化された」、外部環境のスケッチとなっている。その世界像にしたがって、それぞれの動物の行動が生じる。

❦ニューラル・ネットやアフォーダンス理論のような考え方をとれば、右の説明は成り立たない。世界像などというものを、おそらく動物はつくらない。与えられた環境条件を入力として、動物の脳は必要な行動のいずれかを必然的に採用する。ユクスキュルの描くような像は、その意味では成り立たなくていい。こうした見方に従えば、ユクスキュル型の説明は、「ヒトの脳が動物の脳について描く」、いわば古典的な説明なのである。

ともあれ、ここで私がしているように、私の脳は言葉を操作している。そのときに私の脳自体は、ニューラル・ネットとして機能しているのであろう。しかし、言語そのものはニューラル・ネットではない。ネットの産物なのである。われわれの脳は、ネットの産物である記号、つまり言葉や数字を、意識的に操作するように進化した。その操作がついにはコンピュータを作り出したのである。

❦その意味では、ふつうの計算機、つまり直列演算型のコンピュータとは、もっとも新しい進化の産物である。「単純」計算といわれるように、知的活動としての計算はしばしば馬鹿にされるが、もし新しいものがより高級なものであるなら、単純計算はきわめて高級な能力というべきであろう。それが証拠に、イヌやネコがいちばん苦手とするものは、単純計算である。チンパンジーの天才ですら、計算能力はたかが知れている。

情報とシステム

すでに述べたように、脳が扱う情報は多様だから、それをひとまとめにして、「遺伝子」という名称のように、単純明快に表現することができない。やむをえずここでは、脳が扱う情報の代表として、言葉をとろう。そうすればここではじめて、細胞 - 遺伝子、脳 - 言葉という、二種類の対応関係を比較しながら考えることができる。

ここで細胞と脳とをひとまとめにして、情報の翻訳・複製装置を含んだ「システム」と定義しよう。それに対して、遺伝子と言葉という情報（より正確には記号）が、ふたたびひとまとめにして対置される（次ページ図）。遺伝子と言葉の類比については、すでに指摘しておいた。

ヤーコプ・フォン・ユクスキュル Jakob J. von Uexküll（一八六四 - 一九四四）：ドイツの生物学者・動物行動学者。生物は、それぞれの限られた知覚装置から自己の生存に必要な世界像をつくり出している。そしてさらに、その世界像は運動によって変化するという主張を最初に展開した。著書に『生物から見た世界』などがある。

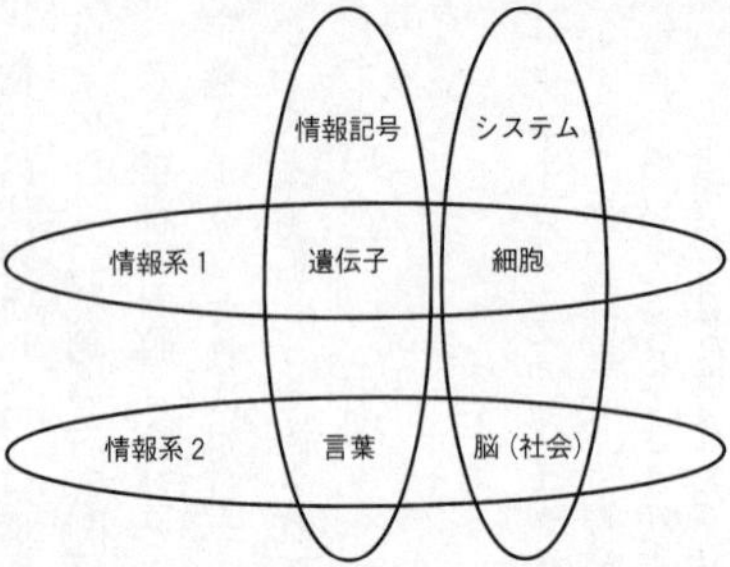

人間における情報とシステム

さてこのように定義したときのシステムと、情報の違いはなにか。じつはシステムは生きて動いているが、情報は固定している。そこがいちばんはっきりした違いである。細胞は生きて動いているから、おそらく二度と同じ状態をとることはない。脳あるいは脳を含む個体も、まったく同じである。脳は二度と同じ状態をとらない。

日常的には、情報は固定しているとは思えない。とくに現代社会は情報化社会である。したがっておびただしい情報が氾濫し、そうした情報は日々変わっていくと信じられている。それはしかし、一見そう思えるだけである。

たとえばテレビ・ニュースを例に取ろう。今日のＮＨＫニュースをビデオに録画しておけば、百年先でも同じニュースを見ることができるはずである。ニュースそのものは時間とともに動く画像や音声として示されるから、それ自体が変化するものと錯覚されるのだが、じつはそれ自体はまったく変わらない。だからこそ、ＮＨＫニュースは情報なのである。ところがそのニュースを語っているアナウンサーはどうか。百年先にその人を捜すとすれば、とうの昔にお墓に入っていることが判明するはずである。ヒト自体はその意味で情報ではない。どんどん移り変わってしまうからである。

話を脳に限っても、同じことがいえる。ビデオ映画を借りてきて、それを立て続けに何回か見ることを考える。一回目の感想、二回目の感想、五回目の感想は、それぞれ違うはずである。なぜ違うかといえば、その間に「脳が変化したから」というしかない。ところがその間、ビデオの内容にはまったく変化はない。

日常のおしゃべりを考えてみよう。そんなものは絶えず変化していく。そう思うのが常識であろう。ところがそのおしゃべりをテープに録音すると、なんと繰り返し同じおしゃべりを聞くことができる。ところがそのおしゃべりを、寸分違わず繰り返すように、おしゃべりをしていた本人に要求すれば、ただちにそれは不可能だとわかる。これがおしゃべり、つまり言葉という情報と、ヒトの脳という「生きている」システムの違いである。

ところがヒトは、自分は自分で変わらないもの、と信じて疑わない。変わらないなら、「同じおしゃべり」が可能なはずだが、それが不可能なことはすでに述べた。それならなぜわれわれは、自分とはいつでも自分であって、変わらないと信じているのか。

自分の写真アルバムを探してこよう。そこに写っているいちばん小さいときの自分は、どういう状態か。私の場合には、それは生後五十日、お宮参りのときの姿である。厚着にくるまれているその赤ん坊が、現在の白髪頭の爺さんと「同じ私」だとは、いくら私が厚顔無恥でも、すなおにいえることではない。

それなら「同じ自分」とは、いったい「だれの言い分」か。それが自意識、一般化すれば意識の言い分であろう。つまり意識は、その意味では、根本的に情報の性質を帯びている。自己つまり意識そのものを、「無根拠に」変わらないと規定するからである。意識の自己規定は、自分は情報であって、システムではない、ということなのである。ヒトの脳という「情報器官」の親分が、「自分は情報だ」と規定するのは、きわめて理屈に合ったことではないか。

「実体としての」意識がどういうものであるか、それを確定するのは、脳科学の任務である。それはまだ成功していない。意識については、後の章で再論する。その意義ははっきりしている。情報は変化しないが、「生きている」システムは変化する。その意義ははっきりしていである。情報が伝達されるものだという機能を認めれば、情報が変化しては話にならないからである。伝達の途中で違うものになったのでは、伝達にならない。したがって、変化するものとしてのシステムは、変わらないものとしての情報をやりとりする。それが細胞についてのは遺伝子なのである。ゆえに遺伝子は世代を超えて存続する。それは遺伝子が遺伝子だからではなく、情報だからである。情報は止まっている以上、いつまでも「変わらずに」存続するという、見ようによってはたちの悪い性質を帯びているのである。

❦NHKニュースという例について、個々のニュースではなく、全体としてのNHKニュースを考慮するなら、それは毎日違ったニュースである。つまり日替わりである以上、やっぱり「変わる」ではないかという反論が生じよう。「ＮＨＫニュースは毎日変わる」のである。遺伝子についても、それが変化しなければ、進化は生じない。そうした反論が予測できる。しかしここで議論しているのは、それとは違う水準だということは、ご理解いただけるはずである。じつはニュースであれ遺伝子であれ、情報は置換されるのである。置換はそのもの自体の変化とは違う。今日のニュースは、明日のニュースによって、置換される。ＤＮＡの現在の塩基配列は、将来の塩基配列によって、置換されるのである。細胞、脳、ヒトというシステムは、情報ではないから、なにかに置換されるということはない。ただしそれ自体を「情報として扱う」なら別である。印刷された人という文字は、ヒトという仮名で置換できるからである。

システムという言葉は多義的である。しかも明白な定義はない。言葉は本来、定義されてから生じるわけではないから、多義的であるのはやむをえない。じつは私の専門分野であった系統解剖学では、システムという言葉を多用する。神経系、骨格系、筋肉系という「系統」とは、英訳すればシステムである。この場合のシステムとは、複数の特定要素から構築され、一定の機能を果たすもの、という意味である。したがって「生きているシステム」とここでいうのは、将来おそらく特定されるはずの複数要素から成り立ち、生きているという機能を果たしているもの、という意味である。構成要素がすべて既知であって、人間が組み立てたものであっても、複数要素を含んで一定の機能を果たしていれば、現在ではシステムという。コンピュータでいわれるシステムがそうである。経済や政治のシステムというのも、似たようなものであろう。

細胞を創る

リチャード・ドーキンスは著書『利己的な遺伝子』のなかで、生物進化の過程で遺伝子は存続してきたが、個体はつねに滅びてきたことを根拠にして、個体は遺伝子の「乗り物」だという比喩を語った。右のように考えるなら、ここにはひょっとすると二つの誤解が含まれている。一つは遺伝子が存続してきたのは、それが遺伝子だったから特別だ、というわけではないことである。すべての情報は、固定しているがゆえに、条件によっては「存続せざるをえない」のである。

もう一つ、細胞という「生きているシステム」もまた、滅びたことがない。じつはそれを一言で主張したのは、十九世紀ドイツ、ヴュルツブルク大学の病理学者、ルドルフ・ウィルヒョウである。ウィルヒョウは「すべての細胞は細胞から」と述べた。この言明は、二十世紀の百年を通じて、訂正されることがなかった。つまり進化の過程で存続してきたのは、じつは遺伝子のみではない。細胞という生きたシステムもまた、そうなのである。

結局、実際に生き延びてきたのは、細胞‐遺伝子という、「複合」システムだというしかない。それに対して、体細胞の集団である個体は、ドーキンスがいうようにかならず滅びる。

❦脳もまた体細胞の集団であるから、それ自体はかならず滅びる。ヘラクレイトスは「万物流転」といった。そのヘラクレイトスの脳は滅びたが、「万物流転」という言葉は「情報だから」残っている。それが「真理だから残った」と思いたい人は、勝手にそう思えばいい。私の見方では、後に述べるように、この言葉は遺伝子と同じように単に「自然選択を生き延びた」のである。

ウィルヒョウの言明が修正されるためには、たとえば試験管のなかに、細胞を含まないある条件を用意し、そこに細胞が自然発生したということが生じなければならない。あるいはヒトが細胞自身、ないし細胞と同じふるまいをするものを、なんらかの手段で、各種の素材からあらためて組み立ててもいい。二十世紀の生物学は、どちらを実現することもできなかった。

細胞は複雑すぎるから、創れない。それが専門家のいいわけであろう。そこには多少の、あるいはかなりの嘘が混じっている。細胞が複雑なのはたしかだが、医学・生物学の専門家がウィルヒョウの言明を修正できない理由は、社会的な圧力が大きい。私はそう考えている。

なぜか。「生きているシステム」、つまり生物自身や脳について専門家は論文を書く。現代ではこれは専門家であるための必須の条件である。Publish or perish（発表か死か）である。では論文を書くという行為は、根本的になにを意味しているか。「生きているシステム」を、論文という記号化された情報に変換することである。つまり医学や生物学の専門家とは、本来情報とは違う性質を持つからこそ、私が「生きているシステム」と名付けたものを、学術「情報」という形に固定するのが、もっとも重要な仕事なのである。

私自身は若いときに解剖学を専門にしていた。当時、実験系の研究者たちにいわれたことを思い出す。「スルメを見て、イカがわかるか」というのである。解剖とは、もちろん死んだ細胞、組織、器官、ヒトを扱う。そんなことをして、生きた人間のなかで生じている現象がわかるわけはあるまい。「スルメ云々」という表現は、そうした意味の批判だった。

今となっては、「スルメを見て、イカがわかるか」という批判を、私は医学・生物学のほとんどすべての専門家にお返ししたい。私がやっていた作業は、むしろ「スルメを裂きイカに」していただけである。スルメと裂きイカは、つまり死体と解剖学用語とは、情報化された人体という意味では、根本的に同水準、つまり同じ階層にある。死んだヒトは間違いなく停止している、すなわちすでに「情報化されている」。それを言語という、同じく固定した情報システムに翻訳変換するのが、解剖学本来の仕事である。しかし「生きている」システムと、それに関する論文とでは、その意味で階層が異なっている。論文をいくら集めても、生きもの、生きているシステムにはならない。それは当たり前のことである。だから論文を書く専門家が、生きているシステムを作ろうなどと思うわけがない。作業の方向が逆だからである。ゆえにドーキンスはウィルヒョウを忘れたし、二十世紀の専門家は細胞を創らなかったのである。

生きているシステムを本気で作ろうとするのは、いまでは工学の人たち、それもロボットやコンピュータの専門家であろう。そういう人たちに、論文が書けないでしょうというと、そうだと答える。専門家の世界を知る人なら、それがなにを意味するか、よくわかっているはずである。論文がなければ、いまでは研究者とは認められないからである。ロボット研究者であれば、論文の代わりに、自分が作ったロボットを持ち出すほかはないであろう。そうなれば、自然科学の世界はほとんど美術の世界に似てくる。ただ作品だけが、ものをいうからである。

第3章　世界は二つ

二つの情報世界をなぜ区分するか

情報の世界を、脳－言葉および細胞－遺伝子の二つに、わざわざ区分する理由はなにか。もちろんそれは、もともと原理的に分かれているからだ、というしかない。しかしこの区分は、同時に実際的な意味を持っている。すでに短く触れたように、それは、伝統的な心身という区分と対応するからである。むろん心身とは、人間に関する学問の最大の主題だった。

心身問題は古くから哲学の主題でもある。哲学ではそれを、物質と精神、脳と心という形で考えてきた。しかし情報という視点を導入すると、この問題は、右に定義してきたような、ヒトが持つ二つの情報世界の関係に、あらためて「翻訳」され直すのである。

❦ここで二つの情報世界という区分が関わる具体例を一つ、挙げておこう。それは脳死である。脳死とは、脳に関する情報が機能せず、遺伝子という情報だけが機能している状態である。脳に関する情報が流通する場は社会だと、すでに述べた。したがって脳死は社会的死であると比喩的にいうことができる。他方、遺伝子という情報が機能しているということは、次章で述べるような「生きている」という基準を満たす。その意味では脳死者は「生きている」という素朴な意見は正しい。ただし日本で脳死が問題になったのは、これとはまったく違った「世間」という文脈からである。その事情は別のところで述べる。

ヒトについて、脳に関する情報機能がなく、遺伝子情報のみが機能している状況がほかにあるか。それは初期胚、あるいは脳機能が出現する以前の胎児である。これをだれも「死んでいる」とはいうまい。

ここで、「だから脳死後臓器移植は殺人ではないか」と即断した人に対しては、それなら人工妊娠中絶をどう思うのか、と訊かなければならない。日本社会では人工妊娠中絶は、まったくといっていいほど、倫理問題にはなっていない。それは脳死後臓器移植とは好対照である。

論理的に脳死や初期胚の対偶をとってみよう。遺伝情報が機能せず、脳の情報だけが機能している状態はあるか。それを幽霊という。

『脳のなかの幽霊』（角川書店）はラマチャンドランの名著であるが、これはわれわれの脳が持つ自己の身体イメージを指している。しかし「脳のなかの幽霊」といえば、その典型はわれわれの意識であろう。言語は意識現象の典型だが、具体化しているので、意識そのものではない。意識そのものを突き詰めると、おそらく自己同一性に尽きてし

ラマチャンドラン Vilayanur S.Ramachandran（一九五一‐）：インドからアメリカに渡った脳認知学者、神経内科医。カリフォルニア大学サン・ディエゴ校脳認知センター所長。

まう。ラマチャンドランは右の著書のなかで、最後にさまざまな自己を列挙する。しかしその結論は、どの自己であれ、それぞれ対応する脳のモダリティ、つまり機能単位に還元するであろうことを示唆している。つまり特別な自己という機能は、脳にはない、ということである。

意識は「俺は俺だ」とただひたすらいう。萩原朔太郎の詩に、水族館の水槽のなかのタコを扱ったものがある。忘れられたタコは、腹が空くので、自分の脚を食べ始める。やがて水槽のなかには食欲だけが残って、こちらを睨んでいる。

あるいは別役実の短編がある。年老いた虎は、化けるという話がある。ある虎が若い娘に化けようと思う。しかし猟師の家に行き、猟師の家を訪れるつもりになる。しかしなぜか化けるのをやめてしまう。化けて猟師の家に行き、戸を叩く。漁師が戸を開けると、戸の前には虎が立っている。そこで虎は「俺は虎だ」とただいうのである。文学的にいうなら、意識とはつまりタコの食欲であり、化け損ねた虎なのである。

意識はヒトの脳のもっとも高度な産物だ。そういう暗黙の了解に近いものがある。私はそれを疑っている。アメリカに意識学会というのがあって、哲学、宗教、脳科学など、諸分野の人が集まって議論をするらしい。その議論は大したものを生み出していないはずである。後に述べるように、意識が自己同一性だということは、意識が情報としての性質を持つと、自己主張していることである。それは脳という情報器官が生み出した最終産物の主張としては、たしかにつじつまが合っている。絶えず変化する、脳という生きているシステムが、意識＝自己同一性という「固定そのもの」をどうやって生み出すか、これが情報に関する中心問題である。だからといって、意識そのものが中心問題というわけではない。

個人的に、私は一過性全健忘という症状になったことがある。この状態では、意識は存在するが、記憶がない。全健忘の状態の間、同じ質問を繰り返すことを除けば、人生にさしたる変化はない。しかし全健忘状態の間の人生は、私の人生から消えてしまっている。こういう状態で講義を済ませた大学教授もいるし、シンポジウムの司会を無事につとめた先生もある。もちろん言語は無事だし、短期の作業記憶はあるはずである。その瞬間だけを生きるとして、われわれが動物の「人生」を想うとき、一過性全健忘に類似の状態を想定していることになろう。それなら動物に意識はあってもいいのである。

古典的な心身問題の中心は、脳という物質のかたまりから、なぜ心という不思議なものが発生するか、という問いだった。興味深いことに、それに情報という視点からある意味で回答を与えてしまったのは、遺伝子＝ＤＮＡという、遺伝子という情報の正体だったのである。

そんなものは、心身問題の解答には、およそなっていない。遺伝子と心は違うじゃないか。それがふつうの反論であろう。しかしDNAの分子構造の決定と、それに引き続く遺伝情報の翻訳機構の解明は、DNAが「物質である」と同時に、「情報としてはたらく」という奇妙な現象がどういうことであるか、それを解明してしまったのである。

脳はたしかに物質であるが、同時に情報器官としてはたらく。つまり脳も、DNAと同じように、物質と情報という二面性を含んでいる。それならDNAと同じじゃないかという点に、少なくともある類比が存在することは認められるであろう。

DNAはたしかに物質である。それが情報として機能するのは、すでに述べたように、細胞がその翻訳機構を備えているからである。脳もまた、それと類比的である。脳のなかで生じていることは、たしかに物質的事象であるが、そうした物質的事象が情報を扱うように機能しても、少しも不思議ではない。なぜなら単一の分子であるDNAですら、細胞という「生きたシステム」のなかに置かれれば、情報として機能するからである。

脳における情報化機構の解明が、いわゆる心という問題のほとんどを解消するはずだということは、多くの脳科学者が暗黙のうちに前提としている信念である。情報という視点を導入すると、その信念が、これまでたとえば哲学者に思われてきたほど無根拠ではない、ということがいえる。

情報という視点の導入によって、心身問題はさらに具体的に限定されたと表現してもいい。絶えず変化する「生きている」システムのなかで、どのようにして「固定した」情報が産出されるのか、その物質的機構とはなにか。問題はそこに尽きると思われる。問題をこう限定すれば、それは哲学ではなく、科学の問いとなる。問われているのは、具体的な物質的機構だからである。

歴史的にＤＮＡの翻訳機構が解明される以前に、子どもが親に似るのは、分子が情報を産生するからだなどといおうものなら、馬鹿をいうんじゃない、と非難されたに決まっている。もちろんＤＮＡという分子そのものが情報を産出しているわけではない。それが細胞という「生きているシステム」のなかに置かれると、「情報として機能する」のである。脳と心の関係もそれに似ている。そう考えてまったく差し支えないはずである。

人間科学において、二つの情報世界を分ける意義は、さらにもう一つある。それは現代生物学と人間科学を整合させるためである。どのような人間科学を考えるにしても、現代科学の成果を無視するわけにいかない。その現代生物学の中心は遺伝子の科学であり、脳の科学なのである。結局それは、ここでいう二つの情報世界の話ではないか。

⚜ここでこの二つの生物学分野を、二つの情報世界という視点から整理しておくべきかもしれない。たとえば脳科学のなかでは、ニューロンの分子的解析が進んでいる。この種の研究の多くは、遺伝子という情報のニューロンにおけるふるまいを調べている。それは結局、情報という視点からすれば、細胞‐遺伝子系の研究であって、研究者本人あるいは学会から思われているほどには、脳‐言葉系の研究になっていない。脳科学でいまのところ細胞‐遺伝子系の研究が主体になっているのは、論文が書きやすいという単純な理由のほかに、じつは情報という視点をとらず、古典的な自然科学の定義を優越させているからであろう。つまり遺伝子ならともかく正体はDNAだから、物質・エネルギー世界の話だ。世間にはっきりそう認められているからである。それが「情報」を扱っているなどというものなら、「お前は新聞記者か」といわれかねない。それが「古典的」自然科学の世界である。

むろん脳に関する情報の研究も、それなりに進んでいる。言語や認知、人工知能、ロボットなどに関わる研究がそれである。こうした研究はときにシステム的な研究と表現される。システム的な仕事をする人は少ないし、研究費が出ない。そういう愚痴はよく聞くことである。この状況はいずれ変わるし、変わらざるをえないであろう。

一元か二元か

二つの情報世界を置けば、当然ながら両者の関係が問題となる。それでは問題がややこしくなると考えるのは一元論者である。むしろ問題が生産的に解消される。そう考えるのは、二元論、多元論者である。念のためだが、私は一元論者ではない。

発生では遺伝子のプログラムが読み出されて、脳が形成される。そこから先の詳細を省略すれば、ゆえにわれわれが科学的に知りうること、かつ知る価値があることは、要するに遺伝子という情報に還元する。脳は遺伝子の産物にすぎないからである。こうした思考が、仮に存在するとすれば、もっとも極端な遺伝子一元論であろう。

この種の一元論に反論するのは容易である。そうした主張をしている当人の脳を順次麻酔していくという、仮想実験を考えればよろしい。その主張自体がしだいに「消えていく」ことがわかるはずである。最後にはすべてが消えてしまうであろう。

それならやはり、細胞‐遺伝子、脳‐言葉という、二元的世界を考えるしかない。もちろんゲノムがなければ、脳は生じない。ゲノムが違えば、脳は違ってしまう。ヒトの脳とチンパンジーの脳は、遺伝子の塩基配列が九八パーセント同じであるのに、機能がかなり違っている。そうした例を挙げていけば、重要なのはやはり遺伝子である。

しかし脳がなければ、そもそもそういう議論自体が成立しない。アメーバが集まり、桜が風に揺れながら、遺伝子について論じることはない。脳がなければ、遺伝子という概念すら存在しないのである。

そもそも遺伝子はコンピュータを作り出すか。遺伝子一元論は、そうだというであろう。コンピュータを作り出すか否かという能力は、明らかに遺伝する。チンパンジーはそんなものは作らないだろうからである。それが生存を左右するなら、遺伝子はコンピュータを結局は作り出すであろう、と。

この種の議論に終わりはない。ユダヤ教、キリスト教、イスラム教を見ればわかるように、一元論はどうもわれわれの脳に作りつけの性質らしい。真理は一つ、ともいう。ものごとは二つあるより、一つと見たほうが楽だからであろう。それは男女関係のややこしさを見ても、直感的にわかる。ヒトは一つだが、男女は二つである。アダムの肋骨をとってイヴを作ったというのは、一元論である。そんな面倒なことをせず、大腸菌のように、分裂で増えれば、より一元論的世界ができる。

一元論を切るには、具体的な話題に戻すしかない。つまりどの問題が細胞 - 遺伝子という情報世界に属し、どの問題が脳 - 言葉という情報世界に属するか、である。カイゼルのものはカイゼルに、神のものは神に返せ。

逆の一元論もある。それは脳一元論である。すべての叙述は、脳 - 言葉という情報世界に属している。叙述も議論も、言葉によってなされるからである。それなら外部世界が脳とは別に存在するかと訊くなら、それも脳による世界認識だという返事が返ってくる。つまりこの本がそうであるように、書物という形式のなかで、脳一元論を否定してもムダであろう。言語および書物自体が、脳 - 言葉という情報世界に、すでに組み込まれているからである。それに組み込まれていないのは、「生きているシステム」である著者自身、読者自身である。

じつは細胞 - 遺伝子、脳 - 言葉という表現をしたときに、すでに二元論を置いてある。細胞と脳とは「生きているシステム」であり、遺伝子と言葉は固定した情報だからである。

この「生きているシステム」を生物という実体と見てもいい。それに対して、つねに固定しているという情報を、別なものとしていちおう対置したのである。実際には、両者は細胞のなかでコミになっている、というしかないのであるが。

ヘラクレイトスのいうとおり、「万物は流転する」。実体は絶えず変化してやまないのである。そこにある水たまりの水だって、分子はブラウン運動をしているから、二度と同じ状態など、とれるわけがない。ところがこの言明自体は情報だから、ヘラクレイトス以来二千年を超えて、そのまま固定している。それだけのことである。それでも頭の固い人は、だから真理は永遠だというかもしれない。それは真理と情報を取り違えているだけである。どこまで行っても、「万物は流転するが、情報は固定している」。そう述べるしかない。それが私の二元論である。

❦わが国でも、中世の人は、これをよく知っていた。現代社会は情報化社会だから、万物が固定する。人については、どこまでも「俺は俺だ」になってしまう。中世の文献を参照すれば、現代社会との違いは明らかである。「祇園精舎の鐘の声、諸行無常の響きあり」。鐘は剛体だから、固有振動数で鳴る。それなら鐘の音はいつも同じはずである。中世の人だって、そんなことは知っていたはずである。そもそもこの国は銅鐸文化の国だからである。銅鐸も剛体で、祭祀の際にあれを叩いていたとすれば、鐘がつねに同じ音で鳴ることを常識としていないはずがない。それなら同じ音がなぜ諸行無常を示すのか。聞く人の心つまり脳が変わるからであろう。「生きているシステム」としての人は絶えず変化するからこそ、同じはずの鐘の音がいつも違って聞こえる。諸行無常とは、その対照の妙なのである。

それはお前の勝手な平家物語解釈だろうが。それなら同じ中世初期の『方丈記』をとろう。「行く川の流れは絶えずして、しかももとの水にあらず」。私が川を見つけて、「あっ、川だ」という。それにつられて川を見た人にも、同じ川が見える。「あっ、川だ」というときの川は、この際情報だから、固定している。ところが私が見たときの川と、私の発言につられて川を見た人の川では、すでに水は入れ替わっている。つまりこれも情報と実体の関係を述べているのである。鴨長明のすぐれた点は、さらにその後の表現にある。「世の中にある人と住処《すみか》と、またこれに同じ」。人間自身においても、情報と実体は分離しているではないか、というのである。物質代謝を知らない時代に、すでにこの言明がある。わかる人にはわかっている、というしかない。

この情報と実体の関係は、工学的な情報でいうディジタルとアナログに類比的である。そう述べると、なんのことやら、と思うかもしれない。ディジタルは語源的にはラテン語の指を意味する digitus に由来する。指は一本ずつ、切れているからである。じつはしかし、指は手のひらでつながっている。これは示唆的である。流転するほうの万物つまり実体は連続的に変化するというしかないが、記号化された情報はものを切る。言葉がものを切る性質があり、それが人体を言語化する解剖学を成立させたということを、私はすでに書いたことがある（『解剖学教室へようこそ』筑摩書房）。指という言葉が成立すると、本来手のひらに連続している指が「切れてしまう」のである。

オッカムの剃刀《かみそり》とは、最短の説明をとるというものである。最短かどうか、それはわからないが、心身問題に関する最良の説明は、いまのところ細胞‐遺伝子と脳‐言葉という二つの情報世界を、まず認めることであろう。都会の人間なら、脳‐言葉だけを認めたほうが手っ取り早い。なぜなら、都市においては、周囲に存在するのは人工物だけだからである。そこでは自然はすべて排除されている。だから都会人は「唯脳論」になる。それでも最終的には自分の身体から逃れることはできない。だから意識がどう思おうと、死ぬ。その死すべき身体を左右しているのは、遺伝子である。

変化しつつ固定する

細胞や脳という、「生きているシステム」は、絶えず変化して二度と同じ状態をとらない。そう説明してきた。しかし同時に、水たまりの水であっても、それは同じである。両者とも実体であるから、情報とは違って、同じ状態をとらないというのはよしとしよう。しかしそれでは、生物の特徴がなくなってしまうではないか。さらに、二度と同じ状態をとらないといっても、生きものはなんとなくいつも似た状態をとっているではないか。そもそも「生きている」こと、生物と無生物の違いとはなにか。

ここではじめて、物質代謝の説明をする必要が生じる。かといって、代謝経路を全部描いたのでは、どうにもならない。理想的な例として、クレブス回路、別名クエン酸回路をとろう。この回路を知っている人には、その特徴は明らかであろう。

一般化してこれを述べよう。aという分子がある。これがzという分子と結合して、a＋z＝bという分子になる。このbが、たとえば炭酸ガス分子を失って、cになる。そのときたとえばATPつまりエネルギーが生じる。cは今度は水一分子を失って、dに変化する。dは、という具合に続いていって、最後にzがふたたび生じる。このzが外部からきた別のa分子と結合すると、輪がふたたび回り出す。

この輪を、外部から観察するとしよう。この輪は、a分子が次々に供給されるかぎり、いつまでも連続的にグルグル回っているから、じかに観察できない。それなら輪の動きを「止めて」みればいい。止めてみると、なんとそこに存在しているのは、いつでもaからzまでの分子でしかない。これが代謝系、つまりいつも動いているが、いつ見ても同じという、典型的な「生きているシステム」の不思議の解答である。最初の一回転目のaという分子に、1番という番号をふるとしよう。一回目の輪の回転の間に、このa1はb1、c1……z1と変化する。a1がb1になったときは、空いたaの位置にはすでにa2が入り込んでいる。次に参加するのはａ２だからである。ａ２もまた、ａ１同様、ａ２からｚ２まで変化する。しかし観察者がａ１とａｎの区別をしない、あるいはその区別がつけられないとすれば、この輪はいつでもａからｚまでという、同じ構成要素からなる輪である。

　生きものとは、きわめて多種のこうした代謝系の輪が、たがいに共役した存在と見ることができる。この共役した輪の集合は、回転しながら、たとえばａという栄養物を取り込み、それをｚまで変化させていくが、その過程で老廃物である水や炭酸ガスを排出する。

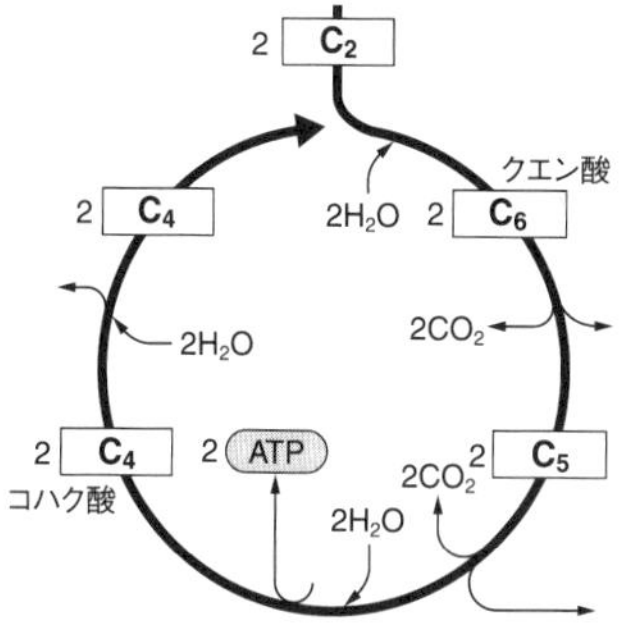

クレブス回路：ミトコンドリア内で起こる好気的な糖の代謝系。糖の分解産物を、酸素の存在下で酸化する。つまり燃やす。その結果炭酸ガスと水とを生じ、同時に高エネルギー結合（ATP）が産生される。この回路は、絶えず回っているにもかかわらず、そこに存在している構成要素（分子）は変わらない。変化と固定を同時に果たしているのである。

また同時にＡＴＰというエネルギーをも産生するのである。その全体を、たとえば細胞と呼ぶ。

　このシステムの重要な特徴は、変化と固定を同時に果たしているということである。輪はいつも同じ構成要素しか含んでいないのに（固定している）、いつも動いている

（変化している）からである。哲学者なら、こういう変なものをおそらく「絶対矛盾の自己同一」とでも呼ぶのであろう。

代謝系は物質系である。つまりここで、われわれは物質系としての生物のなかに、すでに変化と固定という、情報系の特質の萌芽を見ているともいえる。脳が絶えず変化しながら、情報という固定したものを扱うというのは、そう思えば、かならずしも不思議ではない。代謝系も情報系も、物質に依存しながら、固定と変化という両面を表す。それが「生きているシステム」とここまで呼んできたものの、とりあえずの正体である。

❦代謝系に見られるような固定面を重視すれば、生物は自己保存系と呼ばれる。一面ではひたすら変わっていくくせに、他面では同じ、つまり「保存されている」というしかないからである。系統発生的にいうなら、自己保存系の進化したものが情報系だと見てもいいであろう。自己保存系の原理が、別な風に応用されたといってもいい。情報系においては、情報自体はひたすら保存される。それなら脳はひたすら変化していい。それが学習なのである。学習とは脳の変化を意味するからである。なぜ変化していいかというなら、変化しない情報が外部に保存されるからである。ヒトに至って、外部記憶装置は徹底的に発達した。それとヒトにおける学習の発達が相伴うことは明らかであろう。

第4章　差異と同一性

情報か実体か

ここで情報と実体の関係を一般的に吟味しておこう。それで議論が整理されるはずだが、混乱する可能性もないではない。実体とは、これまでの表現でいうなら、細胞や脳と呼んできた「生きているシステム」を含んでいる。

きわめて一般的な見方をするなら、対象を固定したもの、すなわち同じものと見ているとき、それは「情報として見ている」といっていい。逆に違うものと見ているとき、それは「実体として」見ているのである。

情報はコピーできる。なぜなら情報は「同じ」だから、コピーできるのである。コピー用紙にコピーされているのは、情報である。同じコピーであっても、紙およびコピーされた文字自体を調べると、さまざまな「違い」が発見される。紙にはシミがついているし、文字の一部はかすれていたりする。その場合には、コピーを「コピー用紙という実体」として見ていることになる。

同一性を実体に当てはめることは、結局できない。同じに見えても、詳細に吟味すれば、かならず違いが発見されるからである。ブラウン運動の例で述べたとおりである。それなら実体について「同じ」だというためには、どこかで「いい加減」になって、些細な違いを無視するしか方法がない。先ほどのクレブス回路の例でいうなら、aはaでなくてもいい。回路のなかで、とりあえずａと等しい行動をしてくれればいいのである。実際に生物のやっていることは、そのていどに機会主義的であることが、さまざまな例で知られつつある。人の日常生活もふつうはそうだということも、たいていの人はおわかりであろう。

物質が自然科学のなかで原子、素粒子までに分解される理由もこの面からは明らかである。そこまで行けば「違いが見えない」からである。違いばかり見えたのでは、どこまで行っても実体止まりで、理論にならない。理論は情報の典型だからである。さらに分子、原子、素粒子は、その意味ではむしろ情報である。実体ではない。科学は実体表現しか許さないから、科学者はそれらを実体だと言い張る傾向があるが、実体なら万物流転してしまう。たとえば水の分子の一つ一つに番号をふらざるをえない状況が来れば、そこではじめて水分子が実体化する。個々の分子の区別がつく、つまり差異が生じるからである。

❖すべての水分子が「同じ」だというのは、物理化学的にも間違いであろう。同位元素があり、その結果、水についていうなら、重水などというものが存在するではないか。分子や原子のような極微の「実体」を「同じ」と見なすのは、違いがあっても、それが測定にかからないからである。測定にかからないというのは、つまり乱暴に見ているということにほかならない。

情報については、同一性に関する心配はない。どこまで行っても、それ自体は固定しているからである。ところが固定しているものは、定義によって、なにも生み出すはずがない。つまり情報を生み出すのは、生きて動いている実体であるほかはない。だから細胞‐遺伝子、脳‐言葉なのである。原子が素粒子に分解していったのも、同じ理由であろう。原子のままで固定していたのでは、変化が生じえないからである。究極の粒子は、もしあるとすれば、情報か実体か。むろんそれは情報であるほかはない。実体なら変化してしまうからである。変化したら、究極の粒子にならない。しかしそうした究極の粒子は、おそらくなにも生み出さないであろう。だから究極的な還元論は成立しない。私はそう信じている。

❦くどいようだが、もう一度、ここでいう情報と実体の違いを具体的に説明しておこう。道ばたに転がっている石ころも、実体としてみれば、流転している。昨日の風雨でいくらか削れたかもしれないし、宇宙線が衝突して、石を構成する原子に、いささかの変化が生じたかもしれない。千万、一億という年数を経れば、石ころもまた流転することは明白であろう。

これに対して、生きものの生々流転は、石ころに比べたら、もっとはるかにはっきりしている。それについては、「変化しつつ固定する」の項ですでに説明した。つまり生物では流転がむしろ本質に変わっているのである。だからこそ生物は「生きているシステム」を構成し、しかも遺伝子や言葉という固定した情報を利用せざるをえない。古い人は知っているであろうが、「頼朝公六歳のみぎりの頭骨」という小咄は、情報と実体の混同に言及しているのである。歴史のなかでは、すべてが情報化する。すなわち固定する。

情報が固定していることは、さらに新聞記事を見ればはっきりしている。私の生まれた日の記事を、いまでも読むことができる。某新聞がある過去の記事を縮刷版では削ってしまった。「新しい」版では、その記事はなかったという体裁になっている。それなら記事は変わったかというと、むろん別な記事にとり替わっただけである。その日の新聞自体を持っている人がいれば、ただちに「情報は固定している」ことがわかる。

音声言語でも、話は同じである。録音をすればいいからである。むろん録音の音はどんどん劣化する。それはテープは実体だからである。しかし音が劣化したからといって、話の中身が変わるわけではない。記号化された情報は固定しているのである。でもテープが劣化すれば、声の調子が変わるじゃないか。たしかにそうである。しかし話者の声が与えた「情報としての影響」は、じつは固定している。それを保存する方法が悪かっただけである。そもそも録音テープがなければ、話は宙に消えていたはずだからである。だからいままでは音もディジタルにするのである。

ここをくどく説明したのは、講演などで質問を受けると、情報は変わらないということに対する疑問が多いからである。やはり現代人は「情報は変わるが、俺は俺だから変わらない」と思っているらしい。情報化社会とはコンピュータやITのことだと信じているのであろう。社会は脳が作るものであり、ゆえにそれは人々の考え方を規定する。コンピュータという機械が社会を規定しているのではない。

差異と同一性

じつは情報と実体という区分は、より一般的には同一性と差異という話題に帰着する。「情報は固定している」から「同じ」だが、実体は「万物流転」しているから「違う」のである。

日常的にいえば、同じか違うかという話題は、マル・バツ式のものだと思われている。つまり同じでなければ違うのだし、違っていれば同じではない、というわけである。しかし具体的には、それは「違う」。自己について述べたように、同じというのは、いわば無前提に同じなのである。それを難しく表現しよう。意識、限定すればとくに自己意識の最大の機能は、それが扱う言語という情報体系に関して、同一性の保証を無前提に与えることにある。

私とはなんであれ、私はいつでも私である。だからこそ、デカルトのコギトなのであろう。コギトは自己意識の実在と同時に、その同一性、ひいては言語体系における同一性の存在の正当性を保証するのである。「なになにだから正しい」というのは、根拠を別などころに設定することである。意識は脳という情報器官の最終産物だから、そんなことはしない。自分自身が正当性の根拠だという。それがつまり同一性の根拠であり、同一性そのものである。

ここにリンゴが二個あるとする。別になんだっていいのだが、ともかくここではリンゴなのである。そのリンゴは同じか。リンゴだから同じじゃないか。「同じ」論者はそういう。「違う」論者は大きさが違う、色が違う、味が違う、という。つまり同じなのはなぜかといえば、リンゴだからである。これは情報である。違うのはなぜかといえば、実体だからである。

このときに、「同じ」論者と「違う」論者の言い分は等価か。それがマル・バツの意味である。等価ならマル・バツでいいが、等価でなければ、マル・バツというわけにいかない。これが等価でないことは明らかである。というより、私はこれが等価ではないという視点を採用する。なぜなら「同じ」も「違う」も、それぞれ一理あるからである。マル・バツなら、両者がともに成り立つはずがない。つまり両者は別な水準で話をしている。一方はいわば情報の話を、他方は実体の話をしているのである。もちろん形式論理であれば、実体を無視して両者を等価だとしても、それなりの論理体系が作れるはずである。

なぜ等価ではないのか。リンゴがリンゴであることをいうには、吟味は不要である。われわれがなにかをリンゴだと判断するとき、いちいち辞書を引いて、リンゴの定義を利用しているわけではない。そのためにだまされることもある。料理屋の店先に出ている蠟細工のリンゴを、リンゴだと思うことは十分にありうる。しかしわれわれの脳は、いくつかの手がかりを与えられれば、それをまずリンゴだと判断する。ところがそれが本当にリンゴか、つまり差異という話になると、リンゴかどうか、吟味をはじめることになる。それには時間とエネルギーと、さらにいまではおそらくお金が必要である。つまりリンゴという同定はこの場合前提であり、「違うじゃないか、リンゴかと思ったら蠟細工じゃないか」というのは、「吟味した後」つまり蠟細工をかじった後に出てくるのである。そこでは「かじる」という実験つまり手数がかかっている。もちろんこれは、リンゴだけではなく、じつは同時に科学の話をしているのであるが。

❦似たような別な例をとろう。それは「筑波山にアゲハチョウはいない」というものである。相変らずマル・バツ論者であれば、いるかいないか、どちらかだから、いる、いないは「等価の言明」だというであろう。実際にこれを主張してみると、そんな簡単な話ではないことがすぐにわかる。仮に私が「筑波山にはアゲハチョウはいない」と言明するとする。たちまちお前みたいな近視に老眼が加わって、体力もなく、ロクに網も振り回せないような奴に、そんなことがいえるわけがないだろうが、といわれてしまう。しかも私の言い分に反対する論者は、たちまち一匹のアゲハチョウの標本を持ってくる。その標本ラベルには、筑波山と書いてある。

筑波山にアゲハチョウがいることをとりあえず示すには、標本が一つあればいい。「いない」ことを示すのは、それにくらべて、むやみに大変である。たとえば筑波山の地図に網目つまりメッシュをふって、そのメッシュのどれにもアゲハチョウの幼虫の食樹がないということを、まずいわなければならない。次に筑波山産だという一匹の標本があれば、それが採れたのは台風の翌日、つまりどこからか飛ばされてきたのだということを示さなければならない。つまり「いる」「いない」は、ここでは等価ではない。

なぜか。おそらくその秘密は筑波山とアゲハチョウにある。その二つの情報は、ただちに筑波山のどこかを飛翔しているアゲハチョウを想起させる。脳とはそういうものである。そこを説明しよう。ここまでこの項で行ってきた議論のように、ふつうは記号に対応する実体を外部世界にまず投影する。リンゴという言葉は、外界にある果実の一種と対応する。すぐにそう見るのである。ここには一つ重大な省略がある。リンゴという言葉=記号は、なによりまず脳内のある現象と対応しているからである。それは現代の脳科学の常識だが、すでに述べたように、リンゴに対応すべき脳内過程を、脳科学はまだ具体的に限定できていない。だからついそれが省略されてしまうのである。

実際のものを見ているときと、それがあたかも目に見えるように想像しているとき、視覚に関わる脳の一部では、似たような活動が生じていることが、実際に示されている。それはアゲハチョウや筑波山という単語を見聞きしたときでも、同じであろう。少なくともアゲハチョウという言葉に対応する活動、筑波山という言葉に対応する活動が、脳内に起こっている。それらの活動がここでいう「情報の同一性」に対応しているのである。筑波山やアゲハチョウに相当する脳内過程は、つねにほぼ同一と見なされるからである。ところがそれを「いない」というと、とたんにその種の脳内活動はすべて裏切られてしまう。筑波山とかアゲハチョウに相当する脳内活動を起こした理由が消えてしまうからである。生物としては、これは多大のムダではないか。だからよほどの手数をかけないと、「いない」という証明は得られないようにしてある。そんなムダな叙述は、はじめからするな、ということなのであろう。「筑波山にアゲハチョウはいない」のであれば、そもそも「筑波山のアゲハチョウ」を脳内に喚起する必要がなかったからである。

同一性が前提されていることを示す実験を考えてみよう。二人の大学院生にそれぞれ「男女の目は同じであることを示せ」「違うことを示せ」という課題を与えるとしよう。目の属性は無限にある。無限にある属性のすべてが「一致する」、つまり実体として同一である証明など、できるはずがない。実体を扱うかぎり、どこかで差異が見つかってしまう。つまり実体が「同じである」ことを示そうとする院生は、いつまでたっても仕事が終わらないことに気づく。終わるとすれば、目的に反して、差異が見つかってしまったときである。差異を示そうとした学生は、細胞を調べたら男の目の細胞にはY染色体がありました、女の目の細胞にはバー小体がありましたと報告して、とうの昔に仕事を済ませ、お茶を飲んでいる。それなら同一性を示せといわれた院生は、どうすればいいのか。「男だろうが、女だろうが、目は目じゃないですか」と教授にいえばいい。目を示す脳内過程つまり情報は、そもそものはじめから同じだからである。

結論的にいうなら、同一性と差異、つまり「同じ」と「違う」とは、言語という形式のなかでは等価の言明に見える。しかしそれはじつは別なものを指している。同一性は言語に関連して起こる脳内過程に関連しており、差異は言語が指示する外界の対象に関連している。それがここでいう情報と実体の区分の基礎である。

❦「情報と実体」と表現すると、多くの人は、情報は頭のなかにあるもので、実体は外界にあるものだと即断する。右の説明なら、そう考えていても、なんとか意味が通ると思う。しかし情報も実体も、じつは脳のなかにある。カントのいうように、われわれは真に外在するもの、物自体など知ることはできない。ここでいう情報と実体を区別しているのは、末梢感覚器と中枢との関係である。哲学の用語でいうなら、感覚所与と意識との関係とでもいうべきなのであろう。

言葉と事物と脳内過程

ここまでの結論は、言葉は一方では、常識的に認められているように、外界の対象を指示しているが、他方その同じ言葉が、対応する脳内過程を暗黙のうえで指示している、というものである。言葉の伝達においては、文法と呼ばれる言語自体の形式がそこに重なる。その形式は脳内過程を直接に反映する面も、反映しない面も含んでいると思われる。つまり言語による伝達の問題は、この三者の関係の上に成立する。だから話はややこしいに決まっている。

⚜文法という規則が「どこにあるか」は、興味深い問題である。表出された言葉のなかに文法という規則が見出されることについては、異論がないはずである。ただし私見では、表出された言葉のなかに「文法が発見される」のであって、脳内に文法という規則があって言語が作られるのではない。脳が言語を生成するときの規則は、文法とは似ても似つかぬものでありうる。

古典的な自然科学思考を優越する社会では、言葉の指示対象とは、外界の事物であるという「常識」が生じる。とくに学者はそうである。なぜならそれがいわゆる「客観的」な表現だからである。ところが言葉は、おそらくつねに二面的なのである。言葉は一面では客観的な指示対象を持つが、他面では「主観的な」指示対象、それを客観化していえば、脳内過程を持つ。「学問的には」、後者はしばしば無視される。むろん「主観的」だと見なされるからである。

✤ラマチャンドランは、われわれの記述が主観と客観の両面をつねに持つことを、最大の不思議と述べている。これはしかし、右のように考えれば、機構的にはかならずしも不思議ではない。リンゴという言葉が、外界の事物つまり実体を意味しているときと、脳内過程つまり情報を意味しているとき、言語はそれぞれそれをときに形式的に区別している。西欧語の定冠詞、不定冠詞の別はもともとはそれであろう。定冠詞はいわば実体表現であり、不定冠詞はいわば情報表現なのである。定冠詞がついた名詞は、その名詞が事物を指すときは、なにか特定の事物を指してしまう。だから実体表現といっていい。不定冠詞がついたときは、指示しているのは脳内過程つまり情報である。だから最初にリンゴを見たことを記述するときは、不定冠詞を使う。最初に生じるのは、間違いなくリンゴ（という言葉）に対応する脳内過程だからである。先に述べたように、それが本当に実体としてのリンゴであるかどうか、語り手は保証できない。だからこそ I saw an apple. なのである。つぎにそのリンゴに言及するときは定冠詞になる。

日本語の形式でも、これは助詞によって区別されることがある。だからおそらく「昔々、おじいさんとおばあさんがおりました。おじいさんは山へ芝刈りに、おばあさんは川へ洗濯に」ということになる。最初の「おじいさんとおばあさんが」は対応する脳内過程を、聞き手に生起させるためだけの表現である。だから、聞いている子どもにつぎに起こるのは、そいつはどこのどの爺婆だ、という疑問である。ゆえに話し手は、この爺婆だと実体化する。それが以後の物語なのである。国語学では、これを既知未知の関係と見なす説がある。私の解釈はそれと矛盾しない。最初は未知の爺婆だから助詞「が」が使われ、以後は既知だから「は」が使われる。その既知未知とは、実体についての既知未知なのである。しかし子どもは、おじいさん、おばあさんという「言葉はすでに知っている」ではないか。さもなければ、話自体がわからないことになる。

自然科学が客観的な記述を旨とするということは、徹底的に実体表現をするということである。そうしないと、情緒的であれば文学といわれ、論理的であれば哲学といわれてしまう。したがって古典的自然科学である物理学の世界では、それを考えているヒトの脳が消える。物理学的な叙述は、そのどこにも、それを考えているヒトが存在しない。物理を考えている当人の脳、それをほのめかしてもいけないのである。したがって情報表現を禁止する。それが物理学の定義である。だから物理学は唯物論的なのである。ときにそう思われているように、唯物論が基礎にあったから、物理学が生じたわけではない。ゆえに物理学者が神を信じて、なんの不思議もない。

❦同一性と差異から言語構造までくれば、つぎに問題になるのはクオリアである。色の例を取ろう。物理的にいうなら、われわれが「主観的に」見るスペクトル上の色の区別は、連続しているはずである。赤い光の波長と、青い光の波長は、長い短いの違いはあるが、その間に質的な違いはない。それがどうして、波長の長い方は赤として見え、短い方は青として見えるのか。赤と青は、高い音と低い音のような、連続した感覚ではないではないか。これがクオリア問題の一つである。スペクトル上の色の区別はなぜ質的に異なっているか、その質の違いはいかにして生じるか、というわけである。

クオリア問題は、それだけではない。感覚やいわゆる主観的経験は、しばしば強い、圧倒的な実感を与える。茂木健一郎氏の著作にはそうした体験が生き生きと描かれている。それがニューロンのインパルスだけしかないはずの脳の世界から、いかにして生じるか。この問題も、右の色の問題と似たものだといえるであろう。

クオリア qualia：たとえば「赤いリンゴ」を見たときに湧き起こる「赤」の「赤らしさ」は、言葉では言い表せない。そのような心理表象、すなわち感覚が持つ独特な「質感」。心脳問題を解決する糸口として注目される概念。詳しくは第8章。

クオリア問題は、むろん解けていない。しかしたとえばラマチャンドランは、それは神経機構の問題として解決するはずだという議論をする。私もそう思う。これまで説明してきた文脈でいうなら、クオリア問題の一つである「質」とは、差異である。赤と青とは「違う」からである。意識はその同一性を保証していない。それどころか、赤と青とはまったく違うという。色は脳内過程を指示していることは間違いない。他方、意識は本質的に同一性を保証する機能を果たす。それなら赤と青とは、意識とは別の脳内過程を含んでいるはずである。それがクオリア問題のうち、質に関する私の解答である。だからこそ、クオリアはしばしば感覚に関して発生する。感覚は末梢器官を含み、さらに高次の中枢へと順次連絡している。ところがそうした「低次の」神経細胞群の機能が、意識に関係していないことは、生理学的に明らかである。つまり意識はそこまでカバーしていないのである。ところが末梢から中枢に至る「どこか」で、感覚入力は意識と関係せざるをえない。そこで最終的に感覚認識が発生する。しかしその界面では、どうなるか。意識がそれをその「内部に取り込めば」、同一性が生じてしまう。したがって、クオリアはその界面に発生するはずだ、という結論になる。感覚性一次ニューロンの高次中枢への投射が、クオリアと関係しているという一部の研究者の説は、私のこの解釈に近い。

同一性の起源

なぜわれわれの意識は、無前提に同一性を主張するのであろうか。昨日寝る前の私と、今朝起きたあとの私では、一日歳をとっている。一昨日の私と、今日の私とでは、たとえば昨日の記憶が増えている。他方、さらに前の日の記憶が消えているかもしれない。それなら私はなぜ「同じ私」だというのか。

脳はさまざまなモダリティ、つまり「異なった機能」を持つ。目で見ることと、耳で聞くこと、それがいかに違う機能であるか、多くの人は意識していない。しかし目を閉じて世界を観照してみれば、耳で世界を把握するしかない。耳によって把握された世界と、目によって把握された世界は、いかに異なっていることか。しかもその把握は、同一の脳が行っているのである。

さらに別の例を考えよう。感覚は脳への入力であり、運動は出力である。その二つが、一つの脳のなかで動いている。これほど違う機能を、「一つの脳」で働かせるとしたら、脳がなぜバラバラにならないのか。

それがまさに同一性の起源であろう。脳のなかで起こることは、それぞれ「まったく違う」機能であるにもかかわらず、われわれはそれを「俺は俺だ」として「意識する」。ヒトの脳が、チンパンジーに比較しても、巨大化したことに留意すべきである。脳は大きくなるほど、「同じだ」をいわなければならないのである。すでに疾病否認の例で述べたように、右脳と左脳でも、意見が正反対に食い違う。だからこそ意識は、「俺は俺だ」という。その機能をみごとに描いたのが、フランツ・カフカの『変身』である。主人公のグレゴール・ザムザは、ある朝目が覚めると、虫になっている。しかし彼自身の意識は、外見上の極端な変貌にもかかわらず、「俺は俺だ」という。

つまり意識の起源は、巨大化したヒトの脳にある。その脳は意識という形で「俺は俺だ」という機能を強化した。そこから派生した機能が言葉である。だからこそ昨日私が使った言葉と、今日私が使う言葉は同じなのであり、さらに私が使う言葉と、あなたが使う言葉も「同じ」なのである。

動物にとっての「うち」とは、ある場所にあり、ある特定の家族で構成された「うち」である。しかし人間にとっての「うち」とは、他のヒトの「うち」でもありうる。イヌやネコがいちばん理解しないのは、このことであろう。イヌやネコにとって、「うち」とは具体的な自分の「うち」以外、ありえない。かれらの脳は小さく、ヒトの場合のように、脳の各機能がバラバラになることを心配する必要がない。

ここでもう一度、言葉の二面性を整理しておきたい。すでに述べたように、リンゴという一つの単語が、外界の事物としてのリンゴと、脳のなかのイメージあるいは脳内活動としてのリンゴ、その二面を持つ。

このことが、じつは古くからいわれた主観と客観に関係している。外にあるリンゴは客観だが、脳のなかのリンゴは主観だからである。主観と客観という言葉はもう古いらしく、いまではあまり使われない。たとえば主観と客観は、脳自体を扱う科学では使いにくいのである。客観はソトからの見方、主観はウチからの見方だが、意識そのものを問題にすると、どちらもウチ、つまり脳のなかの話じゃないか、ということになってしまう。

だから若手の哲学者であるオーストラリアのチャーマーズは、心つまりここでいう意識を二つに分ける。一方を現象学的な心、他方を認知科学的な心とする。認知科学的な心というのは、たとえば言葉を読むはたらきである。いまではコンピュータが文字を読む。だからそれは心という不思議なものに特有のはたらきではない。それを「認知科学的」とチャーマーズは表現した。

他方、たとえばすでに述べたクオリアに関わることは、認知科学的にとらえることができない。私の赤とあなたの赤がどこまで同じ赤か、それは確かめようがない、あるいは確認が難しい。そこをもっと詰めていうなら、赤という問題についても、具体的に確かめようがある部分についていうなら、それは認知科学的な心に属するはたらきで、どうにも確認の手段がないなら、それは現象学的な心だということになる。つまり客観的に確かめようがないはたらき、それを現象学的な心とする。これはつまり心あるいは意識について、主観と客観を分けていることになる。

さらに構造主義、とくにソシュールは、言葉についてシニフィアンとシニフィエを定義する。これは右に述べた言葉の二面に相当する。言葉が「意味しているもの」と、言葉によって「意味されているもの」を分けたのである。「意味している」のは頭のなかで、「意味されている」のはソトだともいえる。

こうして「同じ」と「違う」、「いる」と「いない」、「ウチとソト」あるいは「自他」といったある種の基本的な語彙は、意識に関する言及を含んで成り立っていることがわかる。これらはいずれも、見方によっては等価ではない。これを等価とすれば、形式論理学が成立する。そうした論理は文法と同じで、いわばソトに成り立つ論理である。これが一般に抽象的といわれる議論を難解にする原因だと私は思う。脳は論理的に動いていないかもしれないが、意識は論理的に動く。言葉と遺伝子という二元論をすでに述べたが、意識自体がいわば二元的に機能するのである。

第5章　生物学と情報

遺伝子‐細胞、脳‐言葉という二つの、二元的に異なった情報系の存在を認めると、それなら「両者の関係はどうか」という疑問がただちに生じる。以下に具体的に述べるような諸問題は、もともとこの二つの関係から発生したものである。しかし情報系という見方がとられなかったため、これまで話がいささかスッキリしなかった嫌いがある。以下のような問題では、二元論をとったほうが、私にはわかりやすく思われる。

⚜「二元論」という表現は、誤解を招くかもしれない。なぜなら多くの読者は、これを読んだときに、私が主張することを「私は正しいと思っている」という前提で受け取る可能性があるからである。私は自分の主張を、いわゆる「正しい」という意味で述べているつもりはない。私の主張はあくまでも「見方」であって、そうした見方を採用することによって、どういう視点が開けるかを示そうとしているだけである。別な言い方をするなら、プラグマティックな思考と考えていただいて差し支えない。私は教祖でもないし、「偉い人」でもない。だから私は二元論が「正しい」といっているわけではない。そうした見方をとるほうが、話がわかりやすい、極端にならない、現状の整理ができる、等々というだけのことである。

さらに後段では、生物学自体がもともと情報系の学問だったということを論じる。古典的に生物学について、一部の人に持たれていた「遅れた科学」という印象は、おそらくここから生じたものであろう。なぜなら既述したように、科学の対象は物質・エネルギー系だと固く信じられていたからである。そうではなくて、生物学は少なくとも十九世紀以来、情報に関する学問分野だった。その素直な認識を妨げたのが、科学の対象を限定する態度だったのである。

遺伝子と脳の絡み合い

問題1　ヒトとチンパンジーの違い

ヒトについて、ゲノムと脳の直接の関係をもっとも端的に示す話題は、ヒトとチンパンジーの脳の違いであろう。遺伝子配列を決める初期の研究で示されたことだが、両者の遺伝子は塩基配列にして二パーセントも違わないとされた。その「小さな」差異から、容量にしてチンパンジーのほぼ三倍というヒトの脳が生じる。遺伝子のさまざまな変異のなかで、脳に関わる遺伝子の変異がいかに重要かは、この一例でも理解される。にもかかわらず、どのような遺伝的変異が、ヒトとチンパンジーの脳をどう分けたかについて、われわれはまだほとんどなにも知らない。

❖生物学者の大野乾《すすむ》氏と、二十年ほど前にこの話題を論じたことがある。米国でもそんな仕事には金が出ないよ、と大野氏がいわれたことは、いまでも記憶に残っている。あまりにも基礎的な話題だから、研究費が出ないという意味だが、それだけではない。その背景にあるものは、おそらくある種の禁忌、タブーであろう。正統的なキリスト教社会では、人は独特の存在である。たとえば人は、理性と自由意思と良心を持つことによって、動物と区別される。これは要するに脳の機能が違うということだが、それを遺伝子の具体的差異に還元することは、間違いなく「嫌われる」はずである。ダーウィンの進化説が「ヒトはサルの子孫だ」と翻訳されたように、ヒトの特質はこれこれの塩基配列だということになりかねない、と思うからであろう。

現代生物学でヒトとはなにかを論じようとするなら、どのような遺伝的変異がヒトという種を成立させたかは、逃れることのできない主題である。その主題を直接に扱う研究が「ない」はずはない。しかしそれが「ない」ように見えるのは、たとえば研究費が出るか出ないか、どのような「倫理的」反対があるかといった、暗黙の社会的障害があるからに違いないのである。ヒューマン・ゲノム・プロジェクトに、この主題を解決しようというもくろみがどのていどあるかはわからない。しかし現在の段階では、この種の問題を論じるためには、プロジェクトのその後の進展を待つというのが、一般の暗黙の了解ではないかと思われる。もちろんヒトの遺伝子を全部読んだからといって、ヒトとチンパンジーの違いがわかるわけではない。しかしその問題の解決に近づくことは間違いない。

❖ここで注記しておくべきことは、遺伝子は単一で機能するわけではないということである。だからこそゲノムという概念がある。しかし、いわゆるニュートン的因果関係にならされた、「科学的」思考の世界では、この種の誤解はすでに広範に広がっているのではないかと疑われる。

たとえば特定の遺伝子疾患に関する出生前診断の問題がある。これにはいくつかの方法があるが、たとえば受精卵を分割し、一方を用いて遺伝子の解析を行い、もし問題にしている特定の疾患の遺伝子がなければ、残りを用いて発生させるということである。ここでは遺伝子と疾患とが、一対一対応をするという暗黙の前提が置かれている。しかし鎌状貧血の場合、いわゆる健常者でありながら、この遺伝子を持つ例がすでに米国で報告されている。従来は「病的」遺伝子の保持と疾患の発生とが、一〇〇パーセント対応するという暗黙の前提があった。もちろんそれはすべての症例に当てはまるわけではない。

さらに一九九八年度のアメリカ糖尿病学会の大きな話題の一つは、インシュリン遺伝子のノックアウト・マウスができたということだった。特定遺伝子のノックアウト・マウスは、べつに珍しいものではない。ただこの場合、このマウスはインシュリン遺伝子が正常に機能していないにもかかわらず、糖尿病にならないということが話題になったのである。遺伝子が表現型に対して、一対一で機能するわけではないということを当然と考えていれば、これはべつに「不思議な」現象ではない。これが「話題になる」こと自体、すでに遺伝子と表現型の一対一対応が暗黙の常識になっていることを意味している。これはいわゆる科学的思考が陥りやすい「単純化の陥穽」である。

こうした見方をヒトとチンパンジーの遺伝子の違いに応用するならば、私がかならずしも「ヒトには、チンパンジーと違って、脳を大きくする遺伝子が存在する」と思っているわけではないことは、ご理解いただけるであろう。ヒトの脳が大きくなるのは、いかなる遺伝子機構によるものか、というのが正確な疑問なのである。

問題2　ヒューマン・ゲノム・プロジェクト

ヒトの遺伝子の塩基配列をすべて解読したのが、ヒューマン・ゲノム・プロジェクトである。これまでに、いくつかの「下等な」生物についても、遺伝子の塩基配列のほぼ全貌が確定されている。こうした考え方は、典型的な「遺伝子中心主義」に見えるかもしれない。二元論的な見方はそれを否定する。

ヒトの遺伝子を全部読んでしまうということは、二元論的に考えれば、じつは遺伝子という情報系を、脳という情報系に完全に翻訳しようという作業なのである。「読まれてしまった」遺伝子は、脳による、つまり意識による操作が可能な対象になるからである。塩基配列が読めないうちは、かつてのショウジョウバエを対象にした突然変異の実験のように、放射線を当てたり、化学物質を用いたりして、遺伝子に対していわば闇雲に突然変異を誘発するということしかできなかった。ヒューマン・ゲノム・プロジェクトの最終的な目的が、はるかによく「統制された」方式による、ヒト遺伝子の統御であることは明らかであろう。

当たり前だが、ここで遺伝子を統御するのは、遺伝子ではない。ヒトの意識、すなわち脳である。したがってこのプロジェクトは、一見遺伝子中心型の研究に見えて、その最終的な目標は脳中心主義であるという逆転を含んでいる。一般化していうなら、もっとも急進的な遺伝子中心主義とは、実質的には脳＝意識中心主義なのである。遺伝子中心主義に見える人たちの行為が、じつは脳中心主義だということは、繰り返し強調せざるをえない。この場合の「主義」とは、むしろ「無意識の主義」とでもいうしかないであろう。ヒューマン・ゲノム・プロジェクトを推進しようとした人たちが、脳中心主義だと自分で意識しているとは、とうてい思えないからである。むしろ重要なのは遺伝子だ、と思っているに違いない。

この種の「無意識の主義」は、ほとんど世界に蔓延している。それを私はかつて「脳化」と表現した。世界のすべてを意識に取り込もうとするからである。しかしわれわれの日常生活を見ても、一日のうちの三分の一は「意識がない」。その三分の一が、やはり自分の「人生」のうちであることは、否定しようがないはずである。したがって「完全な」意識中心主義には、少なくとも人生の三分の一に相当する無理があるというべきであろう。起きていたって、多くの場合に明瞭な意識があるのかないのか、どうもはっきりしないことがあることを思えば、人生の半分は意識の外であろう。歩くことにしても、われわれはほとんど「無意識に」歩いているのである。

問題3　擬態

生物学の対象とする問題のなかで、擬態ほど「もめる」問題は少ない。この現象の存在自体を否定する立場からはじまって、自然選択説による擬態の説明しか信じない人まで、多くの立場がありうるし、現にある。ここで私がいう擬態とは、古典的な自然選択説における概念としての擬態である。

こうした古典的な擬態概念では、擬態は自然選択の結果として生じる。自分の姿形を有毒なモデルに似せた動物は、捕食者に襲われる確率が低くなる。換言すれば、似せた分だけ生存価が高くなる。さらにそこに「赤の女王」仮説が加わる。捕食者は絶えず擬態を見破ろうとするから、いったん成立した擬態はどんどん進行せざるをえない。つまり当の擬態者はどんどんモデルに似てくるしかないというわけである。

こうした例が事実存在する「かもしれない」ことは、擬態を否定する論者であっても、論理的に否定するわけにはいかないであろう。あらゆる「擬態」例について、古典的な意味での擬態ではないということを、いちいち実験的に証明するわけにはいかないからである。もちろんそのことは、こうした古典的擬態が事実存在するということを証明するわけでもない。

それはともかくとして、こうした古典的擬態が述べていることは明白である。すなわちこれは、捕食者の神経系が、被捕食者の形態を定めるということである。なぜなら、被捕食者がモデルにそっくりだから、それをモデルと間違えるというとき、間違えているのは捕食者の脳だからである。さらに形態が遺伝子によって決定されることを認めるならば、擬態は捕食者の神経系による、被捕食者の遺伝子の選択だということになる。その意味で、古典的な擬態とは、自然に行われている遺伝子操作なのである。

情報系という視点から考えてみると、さらにもう一つ、通常の議論から抜け落ちた視点

擬態 mimicry/mimesis：動物の色や形が、他の動植物、あるいは無生物に似ること。擬態には大きく分けて二種類あり、一つは背景に似せて目立たなくするミメシス（mimesis）、もう一つは特徴を目立たせて捕食者や獲物を欺くミミクリー（mimicry）である。後者にはさらに、毒を持つ種に似せる警告色などのベーツ型擬態、種を超えて同じような色や形を持つことで捕食者を欺くミュラー型擬態、獲物をおびき寄せるペッカム型擬態がある。

「赤の女王」仮説 Red Queen hypothesis：ある生物種をとりまく環境は、その環境を構成する多種の進化的変化などによって平均的に絶えず悪化しており、その種も持続的に進化していなければ絶滅に至る、とする仮説。一九七三年にヴァン・ヴァレンによって提唱された典型的な漸進論。ルイス・キャロル『鏡の国のアリス』に登場する赤の女王の「ここでは、同じ場所にとどまろうとするなら、力の限り走らなければならぬ」という言葉にちなむ。

があることに気づく。それはモデルと捕食者が「似ている」から、これは擬態だと判断しているのは、ヒトの脳だ、ということである。この場合、むろんヒトは捕食者ではない。人類はふつう、チョウやカミキリムシを食べて生きているわけではないからである。昆虫で著名な擬態について、捕食者としてふつう考慮されているのは、トカゲやカメレオンのような爬虫類、および鳥である。

擬態と判断するのがヒトの脳だという視点を導入した瞬間、すでに引用したユクスキュルの視点が意味を持ってくる。トカゲや鳥の見ている世界と、ヒトの見ている世界は、どれだけ「重なる」ものであろうか。ヒトが「似ている」と判断するものを、はたして鳥も「似ている」と判断するであろうか。現代生物学では、その保証は明らかに「ない」。そのことは鳥の網膜の研究からも明らかである。なぜなら、鳥の網膜は、場合によって、四原色であることが知られているからである。ヒトの網膜は、ご存じのように、三原色である。光受容細胞のうち、錐体《すいたい》細胞が色を感知する。ヒトではこの錐体細胞に、三つの別な波長に敏感な、三種類の錐体細胞が区別される。鳥ではそれが四つになるのである。

同じヒトでも、赤緑色盲であれば、二原色しか持たない。二原色のヒトと、三原色のヒトを区別するのに、眼科では石原式検査表を使う。これをご存じならよくおわかりであろうが、同じ色彩パタンが、二原色のヒトと、三原色のヒトでは、違った風に見える。それなら二原色のヒトの見ている世界がどうであり、三原色のヒトが見ている世界がどうであるか、たがいに「理解」できるであろうか。

論理的にはあるていどわかるから、色盲検査表ができたわけだが、それは三原色のヒトが、二原色の場合を「理解して」、作ったのである。それなら四原色の鳥の世界を、三原色のヒトはどう理解するのか。その解答は、きわめてむずかしい。「理解」の意味にもよるからである。私の見ている黄色と、あなたの見ている黄色が、同じだという保証はない。それと似た議論が進行することになる。

ここでもっとも基本的な問題は、情報系を複数認めたときに、そこには相互翻訳問題が発生する、ということである。これも古くから知られた問題だといえば、それまでのことである。しかし情報系という概念を人間科学に取り込むと決めた以上は、この問題を避けて通ることはできない。先に擬態の問題は「もめる」と述べたが、その暗黙の前提には、この相互翻訳問題が隠れていると私は信じている。つまり擬態の問題は、古典的な擬態論が正しいとか、正しくないとか、そのていどの話なのではない。もめている人たちが意識的に考慮しているよりも、さらにややこしい問題を含んでいる。

情報系という視点から擬態を整理するなら、そこには三つの情報系の翻訳問題が含まれている、というべきであろう。一つは擬態している種のゲノムという遺伝子系、つぎは捕食者の神経系、最後に人間の脳である。二つの情報系の相互翻訳でもやっかいなのに、三つあっては、話がもめて当然であろう。

情報系の相互翻訳問題

異なる情報系の翻訳問題は、哲学では翻訳可能性の問題として議論されてきた。異言語間の翻訳の問題については、すでに多くの指摘がある。ここでも基本的に翻訳は不可能だという意見から、翻訳機械を作ってしまうという技術中心主義まで存在している。まさに情報系の相互翻訳問題は、いまのところ百家争鳴というしかあるまい。

言語間の翻訳問題を、私は階層を同じくする情報系間の翻訳問題として認識している。すべての言語が、脳という情報系の一部として、おそらく同じ階層にあることは、多くのヒトが認めることであろう。ただしそこにも問題がある。それは文字言語を持たない時期の言語を、文字言語を持った時期の言語と、同質と見てよいか、ということである。このことについては、すでに別なところで論じたことがある(『考えるヒト』、筑摩書房)。

⚜短く紹介するなら、文字を持った近代言語は、視覚系と聴覚系という二つの感覚情報系に加えて、運動系という三者の共通処理規則のうえに成り立つ。それが私の基本認識である。文字を持つことによって、言語はより抽象化する。なぜなら音声では擬音語、文字ではアイコンが歴史とともにしだいに排除されるからである。両者が排除される理由は明らかで、擬音は視覚系に理解されず、したがって擬音に含まれる情報は視覚にとって余計なものとなるからであり、アイコンに含まれる視覚情報は、聴覚にとって余計なものとなるからである。視聴覚の共通処理が近代言語だという定義からすれば、それは当然の帰結となる。このことは具体的には擬音語が幼児語と見なされ、漢字がしだいにアイコン性を失って抽象化する歴史を見ても明らかであろう。

言語は同じヒトの脳の示す情報系だが、異なる脳のあいだでの相互翻訳問題は、一つは言語を利用するという方法で調べられてきた。チンパンジーに言葉を教えるという実験は、情報系という見方からすれば、異種の脳という異なる情報系の相互翻訳問題の研究と見なすことができる。そこに言語という「手段」を用いることは、奇妙な矛盾を生じることになる。放っておけば、すなわち野生状態では、おそらく言語を持たないチンパンジーに、「言語を持たせる」からである。その言語とは、ヒトの言語なのである。

右の擬態の項で指摘した、鳥の視覚とヒトの視覚の相互翻訳問題は、さらに困難であろう。一つの解決策として、人工網膜を考えることはできる。三つの波長にそれぞれ特異的に反応する光電管を並べ、その先に網膜と同じように情報処理を行う機械系を構築することを考える。光電管を四種類にしたらどうか。そうした試行を行ってみることくらいしか、この問題へのアプローチを私は思いつかない。

いずれにせよ、情報系という概念を持ち込むことによって、現在の生物学の、いってみれば流行の主題がなにか、それが一面で明瞭になってくることに気づかれるであろう。ヒューマン・ゲノム、チンパンジーと言語、擬態、こうした話題は、独立して別々に進行しているように見える。しかし、情報系という視点から見れば、じつはそうではない。そのいずれもが、生物における情報系の相互翻訳問題という総論に属しているのである。

生物学と情報系

次の主題は、生物学と情報系の歴史的関連である。情報という概念が近年のものであるため、生物学史のなかに情報関係の研究が出てくるのは、近年のことだと思われるかもしれない。私はどうもそうではないという気がする。じつは生物学史は、見ようによっては、情報系の研究史だったともいえるのである。

すでに述べた古典的自然科学の時代には、生物学は古くさい見方を抱え込んだ、「まだ完全に自然科学にはなっていない」分野と見なされてきた。その古くさい見方とは、じつは情報系としての見方だった。だから現代では、むしろ生物学がもっとも活動的な、新しい分野の一つだと見なされている。生物学が変わった、進歩したというのが一般の見方であろうが、以下に具体的に述べるように、私はそうは思わない。生物学への見方のほうが変わったのである。なぜなら、これまで生物学の法則と見なされてきたものは、じつは情報系に関する法則ではないかと思われるからである。

1 自然選択説

生物学に固有と見なされる法則を考えてみよう。その第一は、ダーウィンの自然選択説である。すでに述べたように、古典的な自然科学では、対象は物質・エネルギー系である。したがって科学の法則は、物質・エネルギー系について言及するものだった。自然選択説もまた、「科学」という装いをとったから、当然生物という「物質系」について成り立つと見なされたに違いない。しかしそこにはなんだか変だという感覚が残ったはずである。自然選択説が擬態と同様に、ある意味で徹底的に「もめる」、また「もめてきた」理由は、根本的にはそこにある。

結論を先にいうなら、自然選択とは、情報系について成立する法則であって、それだけのことなのである。それを「自然科学」という「偏見」にとらわれていたから、物質・エネルギー系に成り立つ「法則」と、無意識に混同する人が多かったのであろう。

経験科学における言明は、つねに「仮の」言明である。地球から月までの距離は、これである。それは測定方法が変われば、変わるかもしれない。その距離を精密に知ることが、ロケットを飛ばすかなにかの事情で非常に重要になれば、きわめて細かく算出される可能性がある。こうして経験科学の言明は、絶えず「選択される」のである。

その選択は、右の例でも明らかなように、環境依存である。私の日常生活では、月までの距離など、きわめて不正確であっても、なんの問題も生じない。しかしその情報は、いったん環境が変化すれば、つまり私が月に行くことになれば、突然きわめて重要なものに変化する。こうして経験科学の研究者、すなわち自然科学者は、暗黙のうちに「自然選択説」に慣れ親しんでいるのである。

❦私が東大に在職していた時代、生化学関係の雑誌がどのくらいの期間、図書館に保存されるかを、教えられたことがある。ご存じと思うが、日本の図書館は一般にスペースがないから、使われなくなった雑誌は、とくに私企業の研究所では、さっさと廃棄される。その間、平均して五年ということだった。ほとんどの論文は、五年で自然選択にあう。だからこうした分野は「進歩が早い」といわれる分野だったわけである。つまり急速に「進化する」のである。

もちろんダーウィンは、自然選択に「より客観的な」装いをかけた。適者生存というわけである。適者とは、べつに「正しい」ほうではない。そんな意味は含んでいない。ところが科学者はしばしば「正しい」説が生き残る、と考えた。これくらい、科学者の主観性を示す事実はない。自然選択説自体の信奉者が、「自然選択説は正しい」と強くいうのである。その手の自然選択論者を私は信じない。自己矛盾を来しているからである。いままも一般の人は、科学上の「正しい」意見を聞きたがる。そんなものは経験科学にはありはしない。そこに根本的に存在するのは、より適切な意見である。それもいつ変わるか、わかったものではない。右の生化学の例でいうなら、寿命はせいぜい五年である。それが

「適者生存」の真意である。

自然選択説が正しいか、正しくないか、そう議論を立てるのは、それこそ間違っている。当該の問題に、自然選択説は適用できるか否か、そう問うべきなのである。1＋1は2だが、アルコール1と水1を混ぜても、2にはならない。アルコールと水の混合に、この数式を適用することはできない。

自然選択が経験科学上の言説という、情報系の要素について成り立つなら、遺伝子というもう一つの情報系について成り立って不思議はない。だからこそいまでは、『利己的な遺伝子』のように、徹底した自然選択説が成立しているのである。

2 ヘッケル説

ヘッケルの生物発生基本原則、「個体発生は系統発生を繰り返す」も、典型的な情報系に関する法則である。これもまた、「純粋の科学者」からは胡散臭い法則と見られていた。それが日本の学会に限らないことは、米国の古生物学者スティーヴン・グールドの大著『個体発生と系統発生』に記された挿話からも、窺い知ることができる。グールドが若いときに、個体発生と系統発生の関係に興味を持って仕事をしていますと、先輩にうち明けたところが、その先輩が真顔で、そんなことを公にいってはいけないと忠告したというのである。学会で相手にされなくなるよ、と。

それならこのヘッケルの法則とはなにか。とくに文科系の、あらゆる論文の形式を考えれば、すぐにわかるはずである。序論のところに、著者は自分の主題の研究史を書くのが通例である。それはその分野の学問の系統発生を「短く繰り返す」叙述である。そのあとに、著者は自分のデータを付け加える。すなわち「個体発生は系統発生を繰り返す」のだが、最後になにか新しいもの、余分が付け加わる。この法則に多くの学者が惹かれるのは当然であろう。年中、自分自身がやっていることだからである。つまりこれは基本的に情報系に該当する法則なのである。それが古典的科学で胡散臭いと見られた理由も、同時に明瞭であろう。情報系に関する法則は、物質・エネルギー系に関する法則ではないからである。

3 メンデルの法則

自然選択説と、ヘッケルの生物発生基本原則は、じつは脳という情報系で成り立つ法則だった。それを遺伝子系という情報系に適用したのが、ダーウィンの自然選択説であり、ヘッケルの原則である。だからこの二つの「生物学的な」法則は、脳にはともかく、遺伝子系に適用していいのか。

こういう疑問の発し方をするのは、いまのところ私だけだろうが、無意識的であったにせよ、この二つの法則に対する諸家の疑問は、根本的にはここに発していると私は思う。

そう思えば、なんということはない。法則は法律と同じで、正しいとか正しくないではない。すでに述べたように、適用の是非なのである。

これと対照的と思われる法則が、メンデルの法則である。これはまさに遺伝子系の法則として、最初から示されたからである。遺伝子という概念自体をメンデルが提起したといってもいい。当然のことながら、この法則は当初、まったく理解されなかった。物質科学がやがて全盛を極める時代のはじまりであった十九世紀のことである。そこでこんな法則を提出しても、だれも理解しなかったのは、いまから思えば当然である。メンデルの法則は、ニュートン的因果関係を説明したものでは、まったくないからである。

これはある種の情報の伝達方式を、きわめて単純なモデルで説明したものである。AAという情報と、aaという情報がまざると、第一代目にはAaが生じる。しかし見た目には、Aしか生じない。しかしAaどうしの交配をすると、雑種の第二代目には、四分の一にaaが生じてくる。

このメンデルの法則は、あまりにも単純だから、複雑をもって旨とする情報系の法則とはだれも思わないだけであろう。しかし二つの単語あるいは文章を混ぜても、中間の意味の単語あるいは文章ができるわけではない。情報を担う記号は、じつはメンデルの法則に従う。メンデルは生物の形質を情報だと見なし、遺伝子はその形質を担う情報記号だと見なした。それが「世紀の発見」だったのだが、当時はその意味がまったく理解されなかったのである。

❦メンデルが自身の論文で、右に述べたように、Aやaというアルファベット記号を用いたのは、おそらく偶然ではないであろう。単語を構成するアルファベットという情報記号は、単語の示す意味をまったく含んでいない。同様に、遺伝子そのものと、それが表現する形質は、直接には無関係である。その意味で遺伝学は典型的な還元論であり、他の還元論と同様に、アルファベット世界に親近性を持っている。これについては、化学、解剖学について、すでに何度か述べたことがある（『解剖学教室へようこそ』）。

こうして疑いの目で見てみると、じつは生物学「固有」の法則と思われる前世紀の科学的業績は、ほとんどもっぱら情報系に着目したものだとわかる。生物学がなんとなく「科学ではない」と思われてきたのは、要するに生物という対象では、情報系を無視できなかったからであろう。ところがモノの世界では、素粒子論をギリギリに詰めるところまで行かないうちは、情報系など関係がなかったのである。

そこで興味深く思われるのは、現代の分子生物学の基礎である。アデニン、チミン、グアニン、シトシン、略号A、T、G、Cという四つの塩基のうち、三つの組み合わせで、一つのアミノ酸が指定される。現代生物学を習う学生は、これを徹底的に教わる。それはよろしい。古典的な科学であれば、では、ある三つ組の塩基が、ある特定のアミノ酸に対応する論理はなにか、と尋ねるはずである。

分子生物学の歴史は、それを語らない。どの組み合わせがどのアミノ酸に「対応するか」、それに例外はないか、それで話は終わりなのである。だからそれは暗号と呼ばれた。

私は古典的な科学教育を受けてきたから、まず気になったのは、特定の塩基配列に、なぜ特定のアミノ酸が対応するかという論理だった。それを質問する学生は、おそらく教師に嫌われるであろう。まことに世は情報化社会なのである。耳はなぜミミと呼ばれるのですか。そう尋ねる学生はいるまい。分子生物学もまた、物理化学を徹底的に利用はしているが、古典的自然科学ではない。三つ組の塩基配列と、アミノ酸の対応関係は、「前提として与えられている」からである。これが情報系というものなのである。

第6章　都市とはなにか

脳が社会を作る

社会は脳の規則が作り出す。動物の社会であれば、これはすべて同じである。わが国では今西錦司に代表されるように、生物社会という用語を使うことがある。生物には脳のない植物も含まれるから、そうした生物の集団を社会と呼ぶのは、ここでは具合が悪い。

❖動物の行動は、直接には脳に支配される。ただし間接には、遺伝子に支配される。現在の動物行動学は、行動を遺伝子の直接の支配下にあると見なすことが多い。なぜなら自然選択説では、行動がより適応的であるか否かによって、その行動に関わる遺伝子が最終的に選択されると考えるからである。そう考えて論文を書いても、いまのところとくに問題が生じるわけではない。しかしそれは短絡である。ほとんどの研究者が、ここでいう言葉－脳、遺伝子－細胞という二元論を意識しているわけではない。だから遺伝子－行動という短絡が常識になっている。しかし遺伝子はいわば脳を作り、その脳が行動を直接に左右する。ここで「でもやっぱり遺伝子が脳を作るのだから、遺伝子が中心じゃないか」と考えた人は、この本のはじめのほうに戻っていただきたい。

アリやハチの巣を考えてみよう。巣を出入りする個体を一頭捕らえ、小さいけれども、その脳を手術するという思考実験をする。脳が変化した個体は、行動が変化するはずである。他の個体と異なった行動をする個体は、当然巣から排除される。その意味で行動は遺伝子の直接の表現ではない。ヒト社会における排除については、後の機会に述べる。ヒトは脳がきわめて大きくなった。そのためヒト社会は、動物の社会とはかなり異なった様相を示す。社会の違いがヒト脳の巨大化に関係することは、あまりにも当然だが、人文・社会科学の研究者がかならずしもそう意識していないために、脳と社会の関係はこれまであまり議論されてこなかった。しかし繰り返すが、ヒトであれ動物であれ、社会を作り出すのは脳の規則である。

❦社会生物学や進化心理学と呼ばれる分野では、「遺伝子の存続」という適応的な面からヒト社会の特質を論じようとする。これは既述のように、短絡である。ただ現在の脳科学の成果は、短絡でない意味で利用するには、まだ不十分に過ぎる。その理由の一つは、社会を作る脳‐言葉という情報系ではなく、細胞‐遺伝子という情報系の研究が相変らず脳科学の主体だからである。

現代社会は都市社会である。都市社会は、巨大化したヒト脳の機能、とくに意識が中心となっている。これは都会人が自分の身の回りを見てみれば、即座に了解するはずのことである。なぜなら都市には、ヒトが意図的に作らなかったものは置かない約束になっているからである。ここではヒトが意図的に作り出したものを「人工」と定義し、そうでないものを「自然」と定義する。その意味では都市とは人工世界である。

人工と自然をこのように定義するのは、かならずしも一般的ではない。たとえば屋久島と白神山地が世界遺産に指定されたのは、理想的な自然とは人手がまったく入らない状況だと見なす考えがあってのことと思われる。これはたとえばアメリカ流の自然観である。しかし右のように自然と人工を定義すれば、われわれ自身の身体もまた、自然に属することが明白となる。身体は意識の産物ではないからである。

❦人手がまったく入らない状態を自然と見なす見方は、環境原理主義を生み出す可能性がある。そこで抜け落ちてしまうのは、自分自身が身体という自然を抱えている一方、意識がさまざまな意味でその身体を操作している事実である。もし手をつけないのが理想的自然だというのであれば、通常の医療は避けるしかない。ヒゲは剃るべきではないし、床屋は無用である。さらに都市に住むことはまったく許容できないであろう。

都市とはなにか

巨大化したヒトの脳は、徹底的に意識的な世界を生み出した。これを具体的には都市といい、一般的には文明といい、私は脳化社会という。

歴史的には、農業の成立によって余剰が生み出され、都市が成立するといわれる。世界史的には、中近東すなわちチグリス・ユーフラテスの流域、地中海沿岸、インド、中国という四つの古代文明がこれに相当する。わが国でいうなら、吉野ヶ里は都市の走りであろう。平城京、平安京に至って、典型的な都市が完成する。こうした都市の特徴には、以下の三つがある。

都市の特徴の第一は、人工空間が成立することである。こうした空間は大陸では通常は城壁に囲まれている。中国やインドの都市を日本で「城」と表現することがあるのは、そのためである。ヨーロッパ中世以来の都市も、典型的な城郭都市である。わが国の都市は、こうした城郭に囲まれていない。ただし吉野ヶ里の周囲には、規模の小さな濠がある。

こうした人工空間を作ろうとする意志はきわめて強い。典型的には土地自体が人工であることが好まれる。わが国では江戸が典型である。東京の下町は江戸期の工事により生じた埋立地である。その傾向は現在でも続いている。それが天王洲であり、お台場である。横浜ならみなとみらい、大阪なら関西空港、神戸ならポートアイランドが、人工空間であるだけではなく、人工土地である。平安京や平城京は、唐の長安を模したものといわれ、碁盤目の道路によって成立している。こんな地面はもちろん「自然」にはない。

❦城郭や濠は機能的には「都市を守るため」のものと見なされる。それはちょうど衣服が「寒さを防ぎ、身体を防御するもの」と見なされるのと同じである。しかし城郭も衣服も、そのためだけのものではない。じつは両者ともに自然と人工の境界を示す。城郭より内側は人工の世界であり、脳のなかの世界である。その外側はしだいに人工から遠ざかり、農耕地を経て、「自然としての森」に続くことになる。日本の都市では、城郭を置かないという特徴がある。都市は切れ目なくしだいに外側の自然に移行する。その意味では吉野ヶ里のような環濠集落は逆に興味深い。後の日本的都市と異なって、環濠という境界を置いていることは、当時はまだ都市の「日本化」が完全には成立していない状況を示している可能性があるからである。この濠は成人であれば飛び越せる程度のものだという。それが集落の「防衛のため」だけとは考えにくい。城郭であれ濠であれ、本来は結界であろう。これより内は別世界というわけである。欧州の中世都市でも、城壁のはじまりはただの柵だという。これも防衛というより、結界である。

都市とは逆に、衣服の内側すなわち人体は自然の産物である。自然の産物だからこそ、それはタブーとなる。だから人間だけが衣服を着用し、あたかも自分の身体が人工物であるかのように見せるのである。

第二に、人工空間の上に仮想空間が成立する。これをふつうは社会制度と呼ぶ。官僚制や法律がこの仮想空間を定める規則である。都市が成立するとともに法が整備されることは、世界最古の法典と呼ばれるハムラビ法典が、古代メソポタミア文明で成立していることを見てもわかる。官僚制度もまた、都市とともに整備される。それはわが国の歴史を見ても明らかであろう。平城京を用意した時代を考えればよい。

✤江戸時代の家制度では、家という建築上の人工空間と、先祖代々の家とが、同じ言葉で表現されている。この例は、社会制度が人工空間として意識される好例を示す。自然空間のなかにニュートンの法則があるように、人工空間のなかでは法という「法則」が支配する。官僚制とは、そうした規則で作られた仮想空間である。それがいかに「空間」であるかは、大学の講座という表現からも明白であろう。これはドイツ語の「教師の椅子」を直訳して作られた日本語である。大学に存在していたのはつねに講座であり、本質的にはじつは教授ではない。優秀な研究者であり教育者であるから、講座外に教授を置こうなどということは、国立大学では間違ってもなかった。それは仮想空間を規定するルールに反するからであろう。

第三に、人工空間のなかでは自然物は排除される。この規則はきわめて厳密であるらしく、たとえばすべての樹木は基本的に人工として植え替えられる。草が生えれば、それはつまり「雑草」である。さらにすべての地面は舗装されるのがよしとされる。古代都市であれ、西欧の中世都市であれ、都市のなかの道路は舗装されることが多い。自然のままの大地を残すことが、人工空間というルールに反するからであろう。現在の日本の町を見れば、舗装が機能的必然を超えて行われていることは一目瞭然である。

こうした自然の排除が最終的に引き起こすのは、都市におけるヒト身体の統制と疎外である。身体は都市に残された唯一の自然だからである。このことは客観的には意識されないのが普通である。しかし戦後進んだ都市化の流れのなかで、服装の規制も進んできたことは明白である。たとえば労働者が褌一つで働く姿を、子どもの私は見てきた。そうした姿を現在ではまったく見ることはできない。電車のなかで母親が乳児に母乳を飲ませる行為も、いまではマナーの問題として論じられる。かつてこれはマナーでもなんでもなかった。いわば生物学的必然だったからである。

母親が子どもにお乳を飲ませるくらい、当然の風景はあるまい。現代人がそれになにか違和感を持つとすれば、それはまさに脳化社会の住人だからである。これはヌード問題とも結びついている。身体は自然である以上、それがどのような姿であろうと、それはその身体を保持する当人の責任ではない。身体の姿形は、自分がそうしようと思ってそうなったわけではないからである。脳化していない社会、自然が強く浸透している社会では、人々はしばしば裸体である。これを都会人は原始社会、野蛮人などと呼ぶ。

公衆の面前で裸体を示すと逮捕されるのは、裸体そのものが「いかがわしい」ものだからではない。もしそうなら、ヒトはすべていかがわしいものになってしまう。ヒトが本質的にいかがわしいものなら、そもそもいかがわしいからといって、だれかを逮捕する理由にはならない。じつはこれは脳化社会における自然の管理責任から生じていると私は考えている。その意味では肉体は飼い犬と同じと見なされている。犬はつないでおけ、放し飼いにするな、というわけである。

この感覚が「正しい」と思っている人は、自分が先天異常児を見たときにどう思うか、それを想像してみてほしい。もしそれを不気味だと思うなら、それはすでに差別感覚である。なぜなら「自然に」発生するものが、「異常だ」というのはおかしいからである。しかし世の中の大勢はこの場合には差別派であろう。それはすでに裸体に対する感覚に現われている。

四苦の排除

都市における「身体という自然」の排除は、身体が示す自然の人生そのもの、すなわち生老病死を排除するに至る。人生は四苦八苦というときの四苦が生老病死であり、それに必然的に伴う感情を八苦という。たとえばキリスト教における価値すなわち「愛」は、八苦のなかでは愛別離苦と表現される。人を愛すれば、かならず別れが来るからである。それはどちらかが先に死ぬであろうことを考えるなら、当然のことである。

生老病死はもともと人に備わったものである。われわれは自分の意志つまり意識とは無関係に生まれる。さらに意志とは無関係に歳をとり、やがて病を得て死ぬ。その病を知らず、時期を知らない。これが自分自身であることは当然だが、都会人はそれを見ようとしない。もちろん、あえて見たくはないからであろう。したがっていままでは、生老病死はすべて日常生活から排除される。子どもは病院で生まれ、老人と病人は施設や病院に入り、九割以上の死は病院で起こる。これらが日常から排除されるのは、つまりは自然の排除なのである。なぜなら生老病死は人が「予定したものではない」からである。そういうものは、日常生活とは無関係の「異常事」である。しかしすべての人がかならず体験する状況が、なぜ異常か。なぜ日常ではないのか。

ここから逆に、都会人思考原則が導き出される。それは予測と統御、平たくいうなら「ああすれば、こうなる」である。そしてこれこそが、ヒトの意識の重要な機能である。都会すなわち文明社会では、すべてが「ああすれば、こうなる」という原則で動く。四苦はそうではないから、その世界からできるかぎり排除される。たとえば経済の原則は、「これだけの原価で仕入れたものを、これだけの売値で売れば、これだけ儲かる」というものである。これが「ああすれば、こうなる」であることは、歴然としている。それなら古典的な農業はどうか。宮沢賢治のいうように「サムサノナツハオロオロアルキ」である。東北で冷害にあえば、オロオロ歩くしか手がない。それはまさに「仕方がない」。しかし、と現代人はいう。「仕方がない」が通用する世界は、つまり「遅れた」世界である、と。そこではまだ進歩が足りない。それが証拠に、そこではものごとはかならずしも「ああすれば、こう」はならないではないか。それならものごとがきちんと予定通りに動くようにしようではないか。そういいつつ、現代人は自分の死すべき時期も知らずに死ぬ。

私が育ってきた戦後の世界で、庶民の言葉に変化があったとすれば、一つはこの「仕方がない」であろう。暗黙のうちに私が受けてきた戦後教育は、「仕方がない」をいうのは、意識の遅れた人間だというものだった。ここまで説明してくれば、それが都会的原則の浸透にほかならないことが理解されるであろう。都会はすべて人工産物で覆われる。したがって、なにか不祥事が生じれば、それは「だれか人間のせい」に決まっている。都会で石に躓けば、「この石をこんなところに置いたのはだれだ」という詰問になる。熱帯雨林で昆虫採集中に石に躓いても、私は「仕方がない」という。自分で注意するしかない。そんなことは当たり前であろう。しかし都会ではこの種の「当たり前」は通用しない。それは「遅れた人」の考えだからである。だれかのせいにしなければ、生きていけない。損ばかりする。それが都市社会である。いまでは医師がいちばん気にするのは、医療過誤訴訟である。これも同じ傾向によることはおわかりであろう。いまや病気は自然ではない。そのうちすべての病気が医師の過誤と見なされるようになるであろう。

現代人は予測と統御が進行することを進歩と見なす。科学技術はまさにそのために捧げられている。ただそうして予測を行い、統御を試みる人たちが、たとえば自分の死期を知らないというのは、まことに皮肉なことである。すべての予定した物事がきちんと進行したにもかかわらず、完成時以前には自分が死んでしまっていたという可能性を、現代人はあまり考えないらしい。自分が属する組織がそれを完成する。そう思っているのかもしれない。それなら都市で個人主義が浸透するのはなぜであろうか。都会人は本当に「個人主義」なのであろうか。都会の不自由と田舎の自由について、真面目に考えてみる必要があろう。現在の日本という都市社会では、都会の自由、田舎の不自由しか論じられないのである。

都市の機能と興亡

都市の特徴を三項目にわたって述べた。それなら都市の機能とはなにか。それを物質面からいうなら、物流を確保し、エネルギーを消費し、商品化を行い、付加価値をつけ、それを売った利益で生きることである。だから西欧の中世都市は、商人と手工業者のものだった。それと同時に、都市に情報と政治権力が集中する。

物流を確保し、エネルギーを消費することは、きわめてはっきりした都市の特質である。古代文明においては、エネルギー源は木材であり、木材のみだった。したがって四大文明を生み出した土地は、現在では自然がまったく荒廃している。

自然の荒廃に拍車をかけたのは、こうした古代文明が小麦文明だったことにもある。もともと小麦という植物は、定期的に氾濫するために、年に一度、肥沃な裸土で覆われる河口原に、最初に生える植物だったと見られる。それをヒトが農耕に利用したのである。したがって小麦栽培は、裸土を要求する。これが森林のさらなる皆伐をうながしたことは、想像に難くない。

❦地中海沿岸に森はほとんどない。中近東は狩猟採取民だったネアンデルタール人の遺骨が多く発見される土地だとは、いまではとても思えない。ここ三千年の歴史を見ても、たとえばトロイに代表される、小アジアのギリシャ植民都市の遺跡は、いまでは内陸四、五キロの地点で発掘される。こうした都市はもともと港町だった。これは当時に比較して海岸線がそれだけ内陸に移ったことを意味する。つまり河が泥を運び、陸地が広がった。これが森林の喪失のためであることは、専門家が論じるところである。

現在われわれが西欧で見る緩やかな丘陵、小麦畑は、もともと広大な森林だった。中世以降の西欧史は、その森林をしだいに開発していった歴史である。十九世紀には、その森林がポーランドまで後退する。したがって森林性のヨーロッパ野牛は、最後にポーランドの森に生き残ったのである。十九世紀には英国の森林はほぼ失われた。現在の日本では、人工林を含めて、国土の森林被覆率は七割近くであるが、英国ではその十分の一である。そのためエネルギー源として、英国では石炭の採掘がはじまった。ところが露天掘りの炭鉱には水が溜まるから、それをポンプで搔い出す。そのポンプに蒸気機関を利用したのが、産業革命のはじまりである。

現在のインドは、熱帯雨林の伐採跡であろうと思われる。中国の黄河は、もともと「黄」河であったかどうか、私は疑っている。日本の川がどういうときに泥水を流すか、考えてみればすぐにわかるはずである。秦の始皇帝の陵墓からは、数千体の兵馬俑《へいばよう》が発掘されている。これは等身大の人馬をあらわす陶器である。それを焼くためにどれだけの薪が必要だったであろうか。あるいは万里の長城のレンガを焼くために、どれだけの薪が必要だったであろうか。「黄」河が生じるのは、当然ともいえるのである。

中近東ではギルガメシュの叙事詩が、「森の歌」のなかで森林の喪失のいきさつを述べている。シュメールの英雄ギルガメシュは、自分の都を持ちたいと思う。そこで森を切ろうとする。しかしシュメールの神は森に半神半獣の守り神フワワを置いている。ギルガメシュは闘ってこれを倒し、森を切る権利を手に入れる。しかしそれは同時にシュメールの滅亡を暗示するのである。

こうした都市は、むろんそれ自体では生きられない。かならず物流の源と、エネルギーの源を必要とする。その「源」が都市に対するものとしての「田舎」である。こうした目で見れば、第二次大戦後の日本の歴史は、一直線の都市化の歴史である。全土がほぼ都市となり、田舎が消えた。ひとつにはそれは、日本の田舎が物資とエネルギーの源ではなくなったからであろう。原料は外国からくる。世界のさまざまな地方が、いまでは「日本の田舎」になった。

戦後史は政治的には平和と民主主義、経済的には高度経済成長といわれるが、それはじつは都市化の一面である。都市は平和でなければ成り立たない。西欧ではそれを「都市の平和」という。物流にせよエネルギーにせよ、平和でなければ確保が難しいからである。六〇年代以降の日本は、世界各地からの物流と石油の輸入に頼っている。つまり日本全体が都市化した。高度経済成長もまた、都市化そのものといっていい。田舎に高度経済成長があるわけはない。

❦鴨長明は『方丈記』のなかで、京の都がいかに田舎からの物流に頼っていたかを淡々と述べる。時はおそらく養和元年から二年、飢饉、旱魃、疫病などがあった。

「また、養和のころとか、久くなりて、覚えず。二年《ふたとせ》があひだ、世の中飢渇して、あさましき事侍りき。或は春夏ひでり、或は秋、大風、洪水《おほみづ》など、よからぬ事どもうちつづきて、五穀ことごとくならず。むなしく、春かへし夏植うるいとなみありて、秋刈り冬収むるぞめきはなし。

　これによりて、国々の民、或は地を棄てて境を出で、或は家を忘れて山に住む。さまざまの御祈りはじまりて、なべてならぬ法ども行はるれど、更にそのしるしなし。京のならひ、何わざにつけてもみなもとは田舎をこそ頼めるに、たえて上るものなければ、さのみやは操もつくりあへん。念じわびつつ、さまざまの財物、かたはしより捨つるがごとくすれども、更に目見立つる人なし。たまたま換ふるものは、金《こがね》を軽くし、粟《ぞく》を重くす。乞食《こつじき》、路のほとりに多く、憂へ悲しむ声耳に満てり。」

　日本の歴史は、都市化と非都市化の時代の繰り返しとも見える。縄文から弥生への移行は、都市化といってよいであろう。平安時代に至って、その都市化が頂点を迎える。それが壊れた時代が中世である。『方丈記』や『平家物語』が中世の初期を語る。江戸に至ってふたたび都市化が進行する。それ以降は、形こそ異なるものの、ひたすらなる都市化が進行する。そこで重要なのは考え方の変化である。中世の常識と近世の常識が逆転することは、「腹が減っては戦ができない」時代から、「武士は食わねど高楊枝」の時代への移行がよくそれを表している。

第二次大戦中の標語のひとつに、「石油の一滴は血の一滴」というものがある。当時対日禁輸が行われ、石油の輸入も止まった。そうした状況では飛行機も戦車も動かない。だからこれは、石油は国にとって死活的に重要だという意味だった。しかしこの標語は、同時に当時は無意識だったかもしれない重点を突いている。現代都市が維持されるためには、「石油の一滴は血の一滴」なのは、相変らずだからである。ただ戦後は大量の石油が安価に供給されるようになったため、それに気づかないだけである。

❦第二次世界大戦における日本の戦略の欠如が問題にされることがある。平たくいうなら、いったいあの戦争を、いつ、どう止めるつもりだったのだ、目標が不明瞭だったではないか、という批判である。右のように考えるなら、無意識つまり本音の戦略目標は、南方の資源地帯の攻略で事実上は達成され、日本側からの戦争は終わっていたということであろう。具体的には、当時の蘭印の油田地帯、パレンバンの確保で終わったということである。そのあとはつけたりに過ぎない。それなら当時の要人にせよ、戦後の歴史家にせよ、その後の戦略が見えなくて当然である。しかもその後の玉砕や原爆が「つけたり」だとはいいにくい。都市化という本筋を外せば、犠牲者が多いという意味では、それぞれはそれなりの大事件だからである。だから「戦略がなかった」という批判にならざるをえないのであろう。戦後の経済成長は、その「つけたり」をはずした純粋の都市化、つまり本音に戻っただけのことである。それはおそらくドイツも同じであろう。両国が戦後「奇跡の復興」を遂げたのは、単に都市化という本音が「自他ともに認められた」だけのことである。第二次世界大戦を民主主義に対するナチズムや軍国主義の対立と見るのは、政治的な解釈に過ぎない。

古代都市文明は木材に依存した結果、森林の獲得と喪失にしたがって、栄枯盛衰を引き起こした。それと同じく、現代都市もまたエネルギー源によって興亡するはずである。六〇年から七〇年代には、したがって石油の埋蔵量が問題になった。しかし今日では、もうひとつ別な問題が浮上したのはよく知られている。それは炭酸ガス他による温暖化問題である。これはつまり都市のゴミ問題である。原子力発電もまた深刻なゴミ問題を抱えている。現代文明はエネルギー資源の枯渇というより、むしろエネルギー使用によるゴミ問題で滅びる可能性を示し始めているのである。

都市とイデオロギー

都市文明ではない中世では、万物は流転する。だから諸行は無常であり、行く川の流れは絶えずして、しかももとの水に非《あら》ずなのである。すべてのものは変化するというのが、自然のなかにある人々の前提である。

都市では、万物の流転は人々の不安の根元となる。都市に住むことは、意識が作り出したもののなかだけに住むことだからである。つまりそれはほとんどお伽噺の世界というべきであろう。都市の住民とは、まさに江戸の住民について荻生徂徠がいったように、「旅宿人」である。そこでは人々は、自然や大地という生活の確固とした基盤から切り離されている。しかも脳は、その本性として、絶えず変転してしまう。したがってそれをつなぎとめるものとしての「固定点」の重要性が都市において生じる。

ゆえに都市では、まず壮大な建築物が造られる。ピラミッドがそうであり、万里の長城、阿房宮がそうであり、規模は小さいが、世界貿易センタービルも東京都庁もそうなのであろう。そうした壮大な建造物は、時々刻々変化していかざるをえない脳が要求する「固定点」を、だれにでも見えるように可視化したものである。人の創り出す表現、それはすべて、むろんここでいう固定点である。すでに情報について述べてきたように、いったん表現されたものは変わらないからである。建築はそれをよく現わしている。こう考えれば、都市化と情報化が結合する必然性もよく理解できる。

都市文明の初期にもっぱら土建が盛んになるのは、日本の戦後に限ったことではない。エジプトも秦も、ローマ帝国もそうだった。それがまもなく潰れてしまうのは、当然ながら資源の限界に突き当たるからである。そうなったとき、社会の固定点はイデオロギーに移行する。建築物よりは、イデオロギーのほうが資源を消費しない。つまりは安価だからであろう。ピラミッド文明は文字文明に移行した。秦の後を継いだ漢では、儒教が盛んになった。焚書坑儒《ふんしょこうじゅ》の秦とは、そこが大きな違いである。儒教は中国の生み出した都市イデオロギーである。

❖ギザのピラミッドは、大中小の三つが並んでいるという。三代にわたって、次々に作られたものである。孫の代に作られた最小のピラミッドになって、はじめて壁面に神聖文字が描かれるという。まことに土建文明は文字文明に移行するのである。アレクサンドリアにあった大図書館もまた、ピラミッドの代替物として、古代エジプト文明の系譜を引いていたというべきであろうか。

『論語』が当時の都市住民の思考を示すものであることは、明白であろう。その例は枚挙に暇がない。たとえば孔子は自然を論じない。怪力乱心を語らないのである。雷がなぜ鳴るか、季節がなぜ巡るかに答えないということだと思われる。身体という自然の最大の事件である「死」について、孔子は「我いまだ生を知らず、いずくんぞ死を知らん」という。死は自然現象であるから、それに孔子は答えない。しかし親の死に際しては、三年喪に服せという。これはヒトが意識的に可能な行為だからである。自然について語らないというのが、儒教的合理主義だと私は考えている。これと対照をなすのが、老荘であろう。そこには自然への言及が多い。いまでも中国人の二割が都市住民で、八割が農民であるという。どちらが中国かは、受け取り方の問題である。日本陸軍は中国戦線において、都市とそれを結ぶ道路を占領した。毛沢東はそれを「点と線」と評したのである。毛沢東が農村を代表する存在であることは、多くの人の認めるところであろう。文革期の毛の孔子批判とは、ゆえに都市化批判である。そこに下放政策の思想的基礎があろう。

ローマ帝国は、すべての道をローマに通じさせ、現代にまで残る水道をあちこちに築いた後は、キリスト教に移行する。キリスト教に代表される一神教とは、じつは都市イデオロギーである。キリスト教世界では、一冊の聖書が完全な固定点となる。アメリカ合衆国はいまだにファンダメンタリストの国である。聖書という固定点の強力さは尋常ではない。そういう感想が浮かぶのは、むろん私が日本人だからであろう。そのキリスト教には、むろん聖書だけではなく、教会建築も宗教画も含まれている。そうしたすべては「表現」であり、ここでいう固定点である。都会人の脳はいかに固定点を強く要求するか、まことに驚くべきものがある。その欲求が情報化社会を導くのであろう。繰り返し述べたように、情報はまさに固定しているからである。

キリスト教はユダヤ教の変形である。ユダヤ教が古代ヘレニズム文明の都市、すなわちローマ、アレクサンドリア、コンスタンチノープルに入って変化したものが、キリスト教である。ユダヤ教もまた、おそらくは都市イデオロギーの典型である。ユダヤ教を奉じる人たちがユダヤ人であり、ユダヤ人が都市の住民であることは、誰でも知っている。かつてはヴェニスに住み、現代ではニューヨークに住む。ユダヤ人に多い金融資本家も学者も芸術家もジャーナリストも、いずれも都市の民の職業である。これらはいずれも、結局は固定点を創り出す職業であることに注目すべきであろう。

イスラム教を含め、唯一絶対神を奉じる三つの宗教は、人類の歴史でおそらくもっとも古く成立した中近東の都市、そこでのイデオロギーとして発生したものに違いない。古代オリエントの都市も、バベルの塔の物語に代表されるように、さんざん土建をやった挙げ句の果てに、一神教という確固たる都市イデオロギーを生み出したに違いないのである。

なぜ一神教か

万物は流転する自然宗教の世界から、なぜ一神的世界に移行するか。

ある事件を考えてみよう。その現場に居合わせたすべての人の観測は、細部にわたっては決して一致しないはずである。それならそうした違いは、細部の違いとして無視するほかはない。だから百人いれば、百様の現実があるというしかない。ただし現代の日本人は、百人いれば、百一の現実があるという。そう記された本を、私は実際に読んだことがある。

その百一番目の現実とはなにか。唯一にして、客観的なできごとであろう。徹底的に調査すれば、そうした唯一の客観が浮かんでくるはずだ。これはもちろん信仰である。NHKが公平、客観、中立をいう裏には、そうした現代人の信仰が潜んでいる。すでに前提によって、百人いれば、百の現実があることは認められている。それなら百一番目を知る人は、人間世界に「ない」はずなのである。唯一客観的な現実があったとしても、それを実際に述べることができる人は、この世に一人もいない。

これが都市の不安、つまり意識の不安の根元にあるものの一つであろう。都市の人はすべてを意識化しようとするが、本当のことは、じつは「だれも知らない」のである。それなら、それを知る人を一人、別に立てればよろしい。それが唯一絶対神である。神は全知だということは、そのことを意味している。神はすべての詳細を知っている。神について、そういう定義を置いたのだから、それで当然であろう。そこではじめて「真実の追究」が可能になる。なぜなら「神はすべてを知っている」からである。そう思えば、さらにこの神が「人格」神である理由もまた、よく理解できる。それこそが、百一番目の現実を知る「人」だからである。

その神が不在なら、だれもすべてを知る人はいない。それでは不安でしかたがないではないか。公平、客観、中立という標語が、ただ無限に続くばかりである。どこまで行っても、「すべて」には到達しない。都市は人の意識が創り出す世界だが、その意識はすべてを把握することを要求する。だからこそ、都市のなかには人工物しか置けないのである。自然物は根本的には正体不明であり、そんな不気味なものを目の前に置くわけにはいかない。ところがすべてを人工物で覆ったところで、人は自然から逃れられるわけではない。それならそこに、全知の神を置けばいい。それによって、唯一客観的な現実が保証される。なぜなら神がそれを知っているからである。

❦こうして一神教の都市から、科学が発生した理由がよくわかる。神がすべてを知っている以上、その社会では真実の追究に問題はない。もしその神が不在なら、いかにものごとを追究したところで、人がどこまで「真実」に到達できるか、わかったものではない。それならそんなことは適当に切り上げて、日々の仕事に励んだほうがいい。たとえばそれがわれわれの感覚だった。しかしそうした日本社会から、一方では「公平、客観、中立」が生じ、他方では「百一番目の現実」があると記す人が出るということは、日本はどうやら一神教化しつつあるのであろう。芥川の『藪の中』、黒澤明の『羅生門』の世界は、むしろ日本のなかから消えつつあるらしい。ぎりぎりに問いつめていけば、NHK的な原則は成り立たないはずである。それが成り立つためには、すべての詳細を知る神への信仰が本当は必要なはずである。さもなければ「公平、客観、中立」自体が信仰とならざるをえない。それが事実上、現代日本の知識層の信仰ではないかと私は疑っている。ただしこの信仰は、それとして告白されることはない。無意識の信仰だからである。

しばしば人々は、神が固定点であると安易に仮定している。しかし固定点は神というイデアではない。聖書である。神に形を与えることは、偶像崇拝として厳密には禁止される。なぜなら神は固定点にはならないからである。人々はそれを表現としてなんとかとどめようとするが、それが不可能であることはいうまでもない。名詞はあくまでも名詞であって、それ以外の表現はない。イヌの絵を描けば、ある特定の、描かれたイヌになってしまう。神は神であって、「神」と名付けるほかには、それ自体は表現できない。だからこそ、聖書のみを正しいとするファンダメンタリズムが発生する。これはプロテスタンティズムの一派だが、プロテスタントとは、ゲルマン人がヘレニズム文明とは別に、自前で都市文明を創りだしたときに生じた、変形されたキリスト教都市イデオロギーなのである。

❦本来はギリシャの多神教を取り入れていた、土建文明のローマ帝国は、やがてキリスト教に改宗する。つまりイデオロギー的都市化をする。そのローマ帝国を滅ぼすのは、北方の蛮族と呼ばれたゲルマン人である。そこから西欧の中世が始まる。中世の間にローマ教会は、ゲルマンの自然宗教と融和する過程を経る。カトリック教会を特徴づけるいくつかの性質がそこに発生する。たとえばマリア信仰は、ゲルマンの地母神信仰に由来するとされる。大地の神は女神なのである。

その北方の蛮族が、やがて自前の都市化をするに至る。それを西欧史家はルネッサンスと呼ぶ。そこで生じる新しい都市イデオロギーが新教すなわちプロテスタンティズムである。その都市性については、マックス・ウェーバーの名著『プロテスタンティズムの倫理と資本主義の精神』を引くまでもあるまい。その新教の一部が飛び火して、アメリカ合衆国を創る。だからそこでは荒野に急速な都市化が生じる。アメリカが新しい都市文明を体現していることは、その意味では当然である。

仏教と都市

仏教は右に述べてきたような意味での都市イデオロギーであろうか。現代アジアにおける仏教の分布は、その点について興味深い示唆を与える。日本から始めて、仏教国を挙げてみよう。日本、モンゴル、チベット、ブータン、スリランカ、ミャンマー、タイ、ラオス、ヴェトナム、カンボジャ。これらの国はインドおよび中国という、アジアの二つの古代都市文明圏を取り巻いて存在している。それが自然の残存と一致していることも、容易に見てとれるであろう。その意味では仏教はいまだに自然宗教である。

ここでマレーシアという傍証を挙げておきたい。マレーシアの住民の六割はマレー系のイスラム教徒である。三割は中国系で、一割がインド系である。ところがマレー半島の田舎町にも仏教寺院がある。マレーシアは町にイスラムのモスク、仏教寺院、ヒンズーの礼拝所がたいてい揃って存在するところなのである。中国系の人たちが仏教を維持しているのは、マレー以外にほとんどないであろう。他方マレー半島の平地は都市かプランテーションであり、海岸部はよく開けている。しかし中央部の山地は、三億年近く存続しつづけてきたとされる熱帯雨林で覆われている。そこには野生象もトラもまだ棲息している。自然の残存する地域では、中国人といえども、いまだに仏教徒でありうるのである。

もともと仏教は、都市から発し、田園に出た宗教である。それは若い釈迦についての「四門出遊」という説話がみごとに示している。釈迦は若いときに、なんとかいう「城」に住んでいた。これは既述のように城ではなく、都市である。城郭都市だから、城と呼んでもいいのである。城郭は四角く町を取り巻く。ゆえにそこには「四門」つまり四つの門がある。若い釈迦ははじめて門外に出ようとする。最初の門で老人に会い、次の門で病人に会い、さらに次の門で死人に会い、世の無常を感じ、最後の門で沙門に出会って出家する。

私は別なヴァージョンを作った。最初の門で赤ん坊に会う。以下は同様で、四つ目の門で死人に出会う。これは都市社会における、既述の四苦の無視をみごとにしめしている。古代インドの都市でも、生老病死はすでに無視されていたのである。釈迦はその都市を出て、菩提樹の下で悟りを開く。つまり仏教は都市から出て、都市生活に欠けるものを補強するものだという気がする。むろん私は坊さんではないから、素人の解釈である。アジアにおける仏教国の分布が、すでにこれをよく示している。

❦もちろん仏教の宗派は多い。わが国では鎌倉仏教の一部が、面白いことに、都市イデオロギーに近くなっている。典型は浄土真宗、日蓮宗であろう。いずれも寺が街中に多いことに注意されたい。鎌倉では本山の妙本寺を除き、日蓮宗の寺はほぼ街中にある。真宗の寺が多く街中なのは、いうまでもないであろう。それだけではない。真宗とキリスト教のプロテスタントの類似を指摘する人は多い。「信仰をもって義とせらるる」という言葉と、「信の一字」とは、まさに「同じ」ではないか。

手入れ――日本の思想

日本に思想はない。それが丸山真男の『日本の思想』に記された一行である。もちろん思想のない社会はない。わが国の場合、次の世間の章で触れるように、自己の思想が意識されないという事情はたしかにある。意識されないものを、あえて思想とは呼ばない。それなら日本に思想はないと断言していいのかもしれない。しかしどのような思想であれ、意識的な部分以外に、無意識の部分を含むはずである。わが国の場合には、後者が大きいであろうことは、都市化の問題にも明瞭に顕れる。

日本の都市は人工から自然へと、明瞭な結界なしに移行する。それが特徴であることはすでに触れた。もっとも典型的な人工空間は、たとえば東京の天王洲や神戸のポートアイランドのような埋立地である。それに対して、典型的な自然とは屋久島や白神山地の原生林だと見なされる。そうした人工と自然の境界とはなにか。城壁を置かない日本社会では、そこに位置するものが「田んぼ里山」であろう。田は小麦畑と異なって、絶えず水が循環する。そのために、持続可能という意味では理想に近い農業だといわれる。その田んぼを耕す傍ら、さまざまな用途に利用されたのが里山である。これはアメリカ流に定義された自然ではない。そうかといって、完全な人工空間でもない。

こうした田んぼ里山を成立させた思考、そういうものがあるとすれば、それこそが「日本の思想」であろう。それを私は「手入れの思想」と呼ぶ。手入れとは、自然のものに「手を入れて」、できる限り自分の都合のよいほうに導こうとする作業である。そのためには、明瞭な前提が必要である。

それにはまず対象である自然の存在と自律性を認め、それを許容しなければならない。「仕方がない」とは、自然の負の面を認めざるをえないときにいわれることは明らかであろう。都会人は「ああすれば、こうなる」だから、「仕方がない」をいわない人たちだということは、すでに述べた。いくつかの都市文明では、自然を人間とむしろ対立するものと見なす。西欧文明がそうであり、中近東の文明がそうであり、中国文明がそうであろう。意識と対立するものが自然であることを考えれば、これは当然である。その意味で日本の都市化の歴史はやや特異である。明らかに都市に対して、田舎つまり自然に近いものが近年まで共存してきたからである。すでに引用した『方丈記』の一節にも見るとおりである。世界のどれだけの都会人が、「京のならひ、何わざにつけてもみなもとは田舎をこそ頼めるに」と考えてきたであろうか。田舎なんて、都会のおかげで成り立ってるんじゃないかと思ってきたのではないか。それは意識が自分は身体の上に君臨していると思っているのと同じことであろう。

日本の自然にはいくつかの特徴がある。一つは丈夫だということである。植物を伐採してしまっても、いずれ元に戻ってしまう。たとえば熱帯雨林なら、こういうことは起こらない。伐採跡は乾期ならカチカチの地面になってしまうし、雨期なら表土がどんどん流れてしまう。日本の川水は透明なのが当たり前だが、世界のほとんどの土地で、もはや透明な水が流れる川を見ることはできない。濁水の流れる川は表土が流出しているのである。屋久島は一月に三十五日雨が降るといわれる多雨地域だが、豪雨があっても川は濁らない。

もう一つは、右に矛盾するようだが、災害列島だということである。世界史に残る大地震、噴火の例は、国土面積と比較すると非常に多い。さらに台風や豪雨がある。地形が細かく分かれ、険阻であるために、地崩れやなだれが日常的に起こる。この二つの性質が相伴うために、いまでも日本の森林被覆率は七割に近く、文明国としては異常に高い。都市として利用できる土地が限られているのである。

こうした自然に対して、われわれの祖先が「手入れ」という自然との「折り合い」思想を作り上げたのは、偶然ではないであろう。こうした対象には「絶えず」「手を入れ」なければならない。つまり自然を相手に努力しなければならない。それは不断のものであると同時に、勤勉を要求する。そこから結果的に生じた性格が努力・辛抱・根性というものである。ただしこれは結果として生じた性格だから、努力目標にはならない。

❦女性の日常を考えてみよう。毎日鏡の前で、数分か数時間か、自分の顔をいじる。顔は身体の一部であり、その意味では自然である。したがって化粧を手入れの一つといっていい。完全な人工化論者であれば、美容整形をするであろう。空間でいうなら、それが天王洲であり、ポートアイランドである。環境原理主義者なら、なにもせずに放置しておくかもしれない。つまり屋久島、白神山地状態である。そういう女性をまだ私は見たことがない。もともとある自然は「仕方がない」。それをなんとか数十年、「手入れ」をして生じる田んぼ里山状態が、ふつうの女性の顔かたちであろう。それには日常不断の努力の積み重ねがある。

女性の顔の手入れが問題なのではない。それはそのまま子育ての原則なのである。子どもとは自然に属する。したがってそれに対してできることは、手入れにほかならない。人工化するなら、天才教育をすればよろしい。それがだれにでも可能なら、教育はすべて天才教育になっているはずである。他方、完全に放置しておくなら、屋久島・白神状態、つまりアヴァロンの野生児になるはずである。どちらも採れないことは明白ではないか。

こうして日本社会では、仕事、身体のケア、子育てのすべてが、「手入れ」という一つの原則で行われていたのである。近年の都市化は、それをむしろ徹底的に変更、破壊した。壊したほうはそのつもりはなかったであろう。しかし壊れたことには違いない。生きるための規矩《きく》はなにかという現代日本社会の問題は、おそらくここに発している。

アヴァロンの野生児：一七九九年、フランスのアヴァロンに近い森で発見された少年。四、五歳頃に捨てられ、数年間人間の庇護を受けずに育ったと推定される。この少年を引き取った医師J・M・イタールによれば、少年は、言葉をまったくしゃべれず、理解できなかった。そしてその後教育を受けても、ついに簡単な言葉すら習得することはなかった。人間は純粋な野生状態に置かれてしまうと、人間的諸能力を獲得することができない事例として知られている。

第7章　人とはなにか

ここからの主題は人間規定である。われわれはいったい、どういう存在を「人間」と見なすのか。これまで述べてきた「情報」の場合と同じように、「人とはなにか」は常識的に明瞭であるようで、じつはあんがい不明瞭である。それをどう規定するかは、きわめて多くの、とくに社会的に重大な問題に関わっている。人とは、そう簡単に規定できない概念なのである。あるいは、簡単に規定してはいけない概念というべきかもしれない。

たとえばここまでの議論で、私は意図的にヒト、人間、人を書き分けてきた。ヒトはむろん生物学的規定である。人間とは社会的に規定された人である。さらに「人」とは、両者の意味を含んだ、もっとも広い意味に用いている。

もともと「人間」とは、中国語で世間を意味している。それが日本社会において、どのような経緯を経て「世間の人」を指すようになったのか、私は知らない。少なくとも漱石や鷗外の時代には、ときに意識して人間をジンカンと読ませ、「人間《じんかん》に交わる」という表現をしていたはずである。それが日本においては人そのものを指すようになったのは、なかなか興味深い。

人間規定には、自己規定と社会的規定とがある。自己の規定はもともと哲学が詳細に扱ってきた。自分とはなにか、というわけである。その意味では、デカルトの「コギト」が有名である。他方、人間の社会的規定については、さまざまなタブーがあって、現代でも正面から論じられることは少ない。差別問題はその典型である。人間社会の大きなトラブルの原因の一つは、間違いなくこの社会的規定にある。ここではそうした人間規定について考えることにする。

自己という問題——変わる自己と変わらない自己

自己には二つの側面がある。一つは、内的あるいは私的自己、すなわち自分が見ている自分である。もう一つは、外的あるいは公的自己、すなわち他人が捉えている自分、つまり自己の社会的側面である。両者の一致ないし、むしろ不一致こそが、歴史的にはわれわれの社会の基本にある問題だった。

哲学の議論では、しばしばこの二つを自己と他者の問題として捉える傾向がある。これはおそらく西欧型の議論である。明治以降の日本人が、いわゆる西欧近代的自我というものを気にしてきたことは間違いない。さまざまな書物や教育のなかで、われわれが暗黙のうちに理解している自己とは、そうした西欧風の自己をいわば漠然と意識したものであろう。

ところが確固とした自己の境界など、とうてい確定できない。すでに述べたように、確定したものが情報である以上、絶えず変転して止まない人を、情報化することがいかにして可能か。

❦古典的な儒教の教育では、「君子豹変」あるいは「三日会わざれば瞠目《どうもく》して待つべし」

などという。いずれも人は変わるものだということを述べている。しかし仮に変転して止まない自己を認めたとすると、通常の社会生活が成り立たない。昨日金を借りたのは、今日の俺じゃない、という理屈が成り立つからである。現にそれをよく示しているのは、死刑囚の問題であろう。法的な手続きが遅れるために、こうした人たちはしばしばほとんど別人になってしまう。だから時が経過するにつれて、なぜこの人が死刑にならなくてはならないかという、同情的な議論が起こる。人は変わるものだということを前提にすれば、こうした問題が生じて当然である。

当たり前のことだが、社会は情報化された、すなわち固定化された個を要求する。そもそも意識は変転して止まないもの自体など、扱うことはできないからである。社会が基本的に脳の産物であること、脳-言葉という情報系は、社会という場で機能することはすでに指摘した。だから社会はどんどん情報化、すなわち脳化する。そうした社会での自己、外的自己はいわばむりやり固定されざるをえない。

❦その事情を具体的に示しているのは、たとえば個人の名前であろう。われわれは一生、同じ名前を使い続ける。いまではそれがふつうである。私はお宮参りのときの自分の写真を持っているが、これが還暦を過ぎたこの私と同じ人間とはとても思えない。にもかかわらず、名前は同じである。江戸期には元服という制度があった。このほうがまだ実状に近いという気がする。元服すれば、名前が変わるからである。出世魚ではないが、成長とともに、名前が変わっておかしくない。それならまさに、人は名実ともに変化することになる。

名前が典型的に示すように、社会的規定としての自己とは、固定した自己である。それをさらに社会制度として全体に確定したのが、世にいう身分制度であろう。わが国では、江戸のいわゆる封建制度が典型である。人の身分を確定するということは、名前が延長していったものとして理解できる。これを近代人は封建的と称し、よい評価を与えない傾向がある。しかしこうした制度は、人間の知恵だったともいえるのである。

❦江戸期では、農民は農民、武士は武士ということになっていた。逆にいうなら、それ以上の説明はいらない。現代では事情はどうであろうか。自分がある事態に巻き込まれ、それがマスコミで報道されたとする。そこでとくに悪く書かれた場合、多くの人は報道が事実に反すると主張する。これはじつは他人のなかの自分、外的自己と、自分が考える自分、内的自己、その両者の相反問題である。したがって本人は報道に訂正を要求するであろうが、多くは水掛け論に終わる。しかもたとえ訂正が受け入れられたところで、多くの人に与えられたイメージが回復するという保証もない。ここで実質的に問題になるのは、個人は他人のなかにある自分のイメージをどこまで訂正できるか、つまり確定できるかということである。

実際的にはそれはほとんど不可能である。そもそも他人は、あなたのイメージをいちいち正確に持とうとするほど暇ではない。あなたの社会的イメージとは、他人に提供されている固定点である。それを動かすのは、個人の行為として考えてみれば、容易ではない。

それならどうすればいいか。封建制度では、だからそれを社会的に固定した。極端にいうなら、その人の中身はどうでもいいという。問題は社会的な固定点である。したがって百姓は百姓らしく、武士は武士らしく、殿様は殿様らしくあればよろしい。この場合の「らしく」とは、社会的固定点のあり方を示すといっていい。殿様は馬鹿でも務まったというイメージがあるのは、このことを指している。社会的に規定された状況で、社会的に規定された行動さえできれば、あとはどうでもいい。これはある意味では、楽な社会である。要求されることだけ果たしていれば、中身は勝手だからである。

封建時代の人たちが妙に義理堅く見えるのは、そうした社会的な固定点を維持しようとしていた努力がそう見えるからであろう。当時の人たちが、「世間とはそうしたものだ」として、その理由を問わなかったように思えるのも、当然であろう。固定点を維持すること、それこそがまさにその努力の唯一の理由だったからである。

江戸が鎖国から始まったことも、これと深く関係している。鎖国は人の出入りを禁じたが、その理由は人が「情報のかたまり」だからである。情報は幕府が独占するものだったが、それは情報こそが社会制度だったからである。「世間とはそうしたものだ」とは、じつはそれを意味している。制度は情報ではないと思っているとすれば、それが現在の常識だからである。しかし制度は人が意識的に作ったものであり、その意味ではまさに情報である。だからこそ、制度化とは固定化なのである。

ゆえに江戸期の国内では、鎖国と同時に封建制度が成立した。江戸期最初の出版統制は、その意味できわめて興味深い。徳川家についてはとくにだが、各大名家について、その出自に関する一切の変更を論じることを許さない。これが出版統制の内容だった。たとえ立派な資料、証拠があっても、こうした主題については、出版すなわち公開の議論をしてはダメだという。これがなにを統制しようとしたか、よくわかるであろう。大名家の出自は情報であり、それは制度と同様に、固定されたものとして意識されたのである。

江戸の人たちがきわめてよく知っていたこと、それは情報の統制である。このように考えると、江戸のいわゆる封建制度は、情報という視点からは、まだ十分に検討されていないと私は思う。なぜああした制度を構築しようとしたか、多くの人はそれを考えない。それは歴史を主として権力関係から捉えてきたからである。ここで江戸の封建制度を定義するなら、人間に関する基本的情報を社会制度として固定化したもの、ということができよう。

西欧型自己の侵入

いわゆる西欧近代的自我の侵入は、日本社会に奇妙な分裂を生じさせた。情報という視点からすれば、西欧風の自己とは、それぞれの個人が固定点だというものである。ところがそれだと、個人をそれに合わせて教育するばかりでなく、社会制度を変更しなくてはならない。変転きわまりないものとしての個、それを停止させるための身分制度、そうした伝統のある社会に、逆に個を固定点として導入しようとすれば、あらゆる問題が生じて当然であろう。

❦ただし江戸期の人たちが、どのていど人は変転するものだと思っていたか、それを私は強く疑っている。福沢諭吉がいったように、「封建制度は親の仇」と意識されていたとすれば、幕末には社会制度がすでに情報の固定化という本来の意味を失い、制度それ自体の実存という感覚に変わっていたのであろう。中世人の常識は、人は変転するというものだった。それが『平家物語』の諸行無常であり、『方丈記』の行く川の流れである。したがって江戸の初期には、人は変化するものという感覚があったはずだが、それが時代、つまり都市化とともに消えていったのであろう。

西欧型に見える現代の日本社会でも、封建制度の身分に類する自己の社会的規定は、じつは日常的に頻用されている。それは名刺の肩書きである。私は名刺の形式を変更せよという意見を持っている。話は単純で、名刺の中央にいわゆる肩書きを印刷する。自分の名前は、肩書きの位置にゴム印で捺せばいい。官庁や大会社のような大組織では、それがいちばん有効であろう。人事異動のたびに、名刺を印刷する手間が省ける。

名刺の肩書きの意味するものとはなにか。自己の社会的規定であろう。その肩書き以外に、当面問題にすることはありません。名刺はそういう意味を持つと考えられる。とりあえずこういうものですが、と名刺を出しながら自己紹介をするのは、ごく日常的である。とりあえずどうなのかというなら、こういうもの、つまり肩書きの示すものとして、自分を見ておいていただきたい、ということであろう。江戸期のいわゆる封建制度は、それを社会一律に規定した。それだけの話である。そこでは個人的な事情で誤解の生じる余地が少ない。どこまでいっても、武士は武士、農民は農民だからである。

そこに西欧風の自己が導入されたときの問題点は、よく知られている。日本にはそうした自己が欠けているという認識は、以前はごく当たり前だった。それは当然あるべきものが欠けているという意味でいわれたが、それはおそらく誤解であろう。西欧風の自己とは、西欧風の社会に作りつけの自己規定だからである。社会制度とその意味での自己規定は平行して存立するもので、どちらが先という親子関係があるわけではない。日本に西欧風の自己が欠けているというのは、日本社会と西欧社会は違うという叙述と、本質的に違うわけではない。

❦以下の論点は、第9章「自己と排除」で再論する部分を含んでいる。しかし議論の都合上、重複をあえて避けていない。

西欧近代的自我の輸入の結果、副作用として生じたのが、たとえばわが国に特有とされる私小説である。自己とはなにかをまじめに追究すれば、日常生活を微に入り細をうがって説明することになる。純粋の自己があるとすれば、それは個人に固有のものであるはずであり、ともあれ個人に固有であるのは私生活だからである。封建制度で説明したように、公とはまさに共通性だからである。ところがそんな具合に自己を説明してみても、他人にとってはほとんど関わりがないというしかない。純粋に自己固有のものをさらに追究すれば、どんどん心の奥底に入っていってしまい、それはまったく他人の了解を許さないものということになりかねない。しかもその種の自己を大きく持っているヒトは、しばしば精神科に入院しているのである。

むろんそこには基本的に自己の認識に関する、自意識中心主義がある。じつは自己とはむしろ身体であり、それ以外ではない。もし自己が心や意識、すなわち脳の機能であるなら、それは他者との共通性を持たないかぎり意味がない。それならその独自性を主張しても、最終的には意味がないはずである。他人が理解し、共感するものは、その個人だけに帰属するとはいえないからである。

身体が個であるという意識は、現代社会には乏しい。医学では免疫学がそれを主張する。精神医学が精神病における疎通性のなさを問題とするのも、その反面であろう。脳の機能は共通性を持たなければ、意味を持たないのである。それが「理解を求める」ことの真の意味であろう。身体にその必要はない。

このように考えれば、一見常識に反するようだが、自己に関するいくつかの結論を導くことができる。第一に、自己とは基本的に社会的な規定だ、ということである。第二に、社会的に規定されない本来の自己があるとすれば、それは身体だ、ということである。第三に、いわゆる封建的身分制度とは、個を社会的に規定しようとする装置だ、ということである。その利点は、多くの誤解を避けうることにある。

現代人は一般に自己をそれ自身で確定したものと見なしている。それはそう見なしているだけだということを論じてきた。自分がいかなるものであるかを、いかに自分で確定したところで、他人がそう見るという保証はない。そうかといって、それを社会的に確定する試みは、すでに封建制度でなされてきた。それがさまざまなべつな難点を持つことは、いまさら指摘するまでもない。したがって現代になって、しばしば自己の問題が浮上するのは当然である。

❦いわゆるアイデンティティに関する議論は、その典型である。若者は社会的な自己規定、すなわち名刺の肩書きを持たない人たちである。そこにアイデンティティの問題が発生するのは、むしろあまりにも当たり前というしかない。いわゆるプライヴァシーの問題の基本も、社会的な自己規定の問題に含まれる。報道された自分は、本当に自分かという疑いは、そのような状況に置かれた人がつねに感じることであろう。封建制度下であれば、問題はそうした形をとらなかったはずである。侍にあるまじき振る舞いというのはあったであろうが、それはあくまでも侍の社会的すなわち一般的規定に照らして論じられるものであって、当人のプライヴァシーの問題ではなかった。

一般に考えられる個とは、自意識を指している。それは意識の内容である自分だけの記憶、自分だけの感情、自分だけの意見等々に延長される。しかしそれはすでに述べたように、他との共通性を持たなければ、すなわちその意味で情報化されなければ意味がない。それに対して、身体がかけがえのないもの、すなわち通時的にも共時的にも独自の存在であることは、疑えない。それならそれが本来の個であるとして、なんの問題もないであろう。アイデンティティの問題を、心の問題として捉えるなら、それは永久に「問題」として止まるはずである。そこにアイデンティティはじつはないからである。それが事実である場合には、それは他人には理解できない、すなわち情報化されえないのである。

❦こうしたことは、哲学や心理学が扱ってきた、心としての自己を否定するものではない。ほとんどの人が、自己とは意識だと考えていることは事実だからである。それならむしろ、理想的な世界とは封建制度が延長した世界であろう。そこでは自分の持つ自分のイメージと、他者が持つ自分に対するイメージが一致し、その一致が社会的に保証されるからである。じつは西欧においても、そうした社会的な自己規定が生きている世界は多いはずである。聖職者の世界はその典型であろう。法王は法王であり、枢機卿は枢機卿で、司教は司教なのである。二千年のあいだ、人の心の問題を専門に扱ってきた世界がそうした構造を持つことを、現代人はもう少し考えてみるべきであろう。茶髪にピアス、ルーズソックスがその代わりになるとも思えないからである。

世間の人

これまで日本社会は人をどう規定してきたか。次にそれを考えてみなければならない。ところが日本における「人とはなにか」という議論を、私はほとんど読んだこともないし、聞いたこともないように思う。「人権」という言葉は、国連のせいもあって、最近お役所が使う。しかしこの言葉が戦後のものであって、なんだか身についていないということは、多くの人が感じているはずである。もちろん「人」権とは、その裏に「人とはなにか」が隠れている。人とはこういうものである以上は、当然として「人権が認められる」。それが人権の基本になる見方であろう。ところがその「人」の規定が意識的に不明確では、その延長としての人権が明瞭に意識されるはずがない。しかし他方、人という言葉が頻用される以上は、日本社会にも明確な人間規定があるはずである。

社会という言葉もまた、明治期に翻訳語として成立したものである。それなら社会を伝統的に日本ではどう呼んだか。むろん「世間」である。世間という言葉の起源はきわめて古い。阿部謹也氏の『「世間」とは何か』(講談社現代新書)では、万葉時代から解説を書き起こしているくらいである。

なぜ日本では、世間があって、社会がなかったか。おそらく世間が一つだったからであろう。大陸諸国では、ある一つの社会は、つねに他の異質の社会を配慮しなければならなかった。複数の社会が同時に併存したからである。そうしたところでは、世間を「外から見た」表現が成立する。それが「社会」であろう。社会が一つしかなければ、すべての構成員は「その中の人」である。ゆえに日本では、むしろウチとソトという概念が広く使われるようになった。他の社会から来た人は、だからこそ「外」人なのである。

こうした世間とは、同時に日本共同体を指す言葉である。共同体もまた外国語の翻訳である。共同体 Gemeinschaft の対語は、機能体 Gesellschaft である。ところが日本では、機能体はほとんど「機能しない」。そのまますなおに共同体になってしまう。したがってここでも、表現としては「世間」という言葉一つで間に合うことになる。だからふたたび、共同体という翻訳語を導入するしかない。

日本共同体の長は天皇である。この大きな共同体は、たくさんの小さな共同体を入れ子のように含んでいる。だから学校も世間であり、近所も世間であり、会社も世間なのである。それぞれの人は、こうした共同体に重複して加入している。それぞれの共同体の基本原則は同じだから、それが可能なのである。

逆に機能体とは、人のある集団が、特定の機能を果たすようにできているものである。典型的にはたとえば軍隊がそうである。軍隊とは、戦闘という目的に合わせてできた集団である。日本の場合、これがどちらかといえば、共同体に変質する。すなわち本来の機能よりも、集団自体の都合が優先するようになる。軍の場合であれば、戦闘という機能はじつに明快である。ところが共同体化すると、その機能がむしろ後回しになる。戦国の武士が「腹が減っては戦ができない」といったのに対して、江戸の武士は「武士は食わねど高楊枝」といった。ここにはすでに機能の変質が生じている。この前の戦争で、日本軍が大勢の餓死者を出したのは、そう思えば偶然ではない。

人は集まって社会を作る。「社会」ならたしかにそうだが、世間は違う。人は生まれてはじめて「世間に属す」のである。すなわち日本共同体の一員となる。そして死んでようやく共同体の一員から外れる。結論を先にいうなら、日本という「世間」における人の規定とは、世間の人、すなわち日本共同体の一員であることを指す。

共同体への加入資格

共同体の大原則は、それに属する資格が定められていることである。機能体と違って、共同体では、その個人がなにかの「役に立つ」からメンバーなのではない。かならずある「資格」によって、その一員であることを認められる。

世間の人であること、つまり日本人であることの資格とはなにか。日本人の両親から生まれて、日本で育ち、日本語を話せれば、ふつうは問題がない。日本人の両親から生まれても、外国で育てば、いわゆる帰国子女という「問題」が生じる。法律的には日本人であっても、世間にすなおに受け入れてもらうのは、決して容易なことではない。「世間の常識が欠けている」からである。

「外人」の場合には、帰国子女よりさらに問題は深刻である。上手に日本語を操っても、容貌がものをいう。とくに欧米人や黒人の場合には、見た目で「世間の人」と違うことがわかるから、たちまち「外人」になってしまう。こういう人たちが日本に長く住んだとしても、世間に受け入れられるのは簡単ではない。

日本共同体のメンバーになるためには、右の例のように、見かけまで含んだ「暗黙の」資格が必要である。それはあくまでも暗黙の資格であって、明言されたものではない。暗黙なら規制は緩やかかというなら、じつはきわめて厳しい。「外人」は一生、しばしば日本の世間には受け入れられないのである。

日本共同体への最初の加入資格を考えてみよう。右ではそれを、日本人の両親から生まれて、日本で育つこと、とした。「生まれて」というところが重要である。生まれないかぎり、日本共同体の一員となる資格はない。これが人間規定であることは明白であろう。

❦米国では胎児を人間であるとするところから、人工妊娠中絶には根強い反対論がある。クリントン政権が全米各州でバラバラだった中絶を、連邦政府として自由化した。その結果起こったのは、中絶をしていると見なされる診療所の爆破や、中絶を行うと見なされる医師の狙撃を含む、テロ行為だった。日本ではそのような事件は生じていない。日本の戦後の急速な人口増加にブレーキをかけたのは、人工妊娠中絶だった。これを緊急避難のように考える人もあろうかと思う。そうではなくて、これは世間の伝統なのである。

それを証明すると思われる典型例がある。数字で公にされた例でいうなら、わが国における重症サリドマイド児の死亡率である。記憶の上の数字だが日本では七五パーセント、同じ症例の欧米での死亡率は二五パーセントである。日本は幼児死亡率が低い点では、世界のトップクラスに属する。それならこのサリドマイド児の数字には、あきらかに人為が加わったと見なければならない。これを伝統的に間引きと呼んでいるのである。間引きが日常的だったということは、日本共同体への加入資格が、生まれることによって生じることから、よく説明できる。新生児の段階が、最後の大きな関門なのである。わが国の場合、サリドマイド児に限らず、結合児のような先天異常を一般に見かけないのも、同じ理由であろう。ただしこうした子どもが外国から来れば、大騒動をする。ヴェトナムから来た子どもの例をご記憶の人も多いはずである。日本人の場合、そうした子どもは「世間に出すものではない」らしい。

❦この場合、「外人」の例で見たように、「見かけ」は重要である。したがって「らい予防法」は平成の御代まで存続していた。私が医学生のときに、外来で診ることのできたハンセン病の患者さんは、二十歳代の後半になるまで、家族が家に隠していた若者だった。特定の病気の患者さんを、急性伝染病ならともかく、社会から隔離する法律を最近まで持っていた国は、おそらくこの国だけであろう。山本俊一氏の『日本らい史』(東京大学出版会)には、日本社会におけるこの病への偏見がよく記されている。

右のような例を、私は倫理的、道徳的な問題として取りあげているのではない。日本共同体における人間規定を示すための具体例として取りあげている。御存じと思うが、こうした議論自体が、用語の制限によって、現在ではきわめてやりにくいのである。

日本の世間では、胎児は母親の一部と見なされているとしてよいと思う。外部から「見えない」ということが、そうした伝統に与かって力があったと思われる。親子心中がきわめて日本的だとされるのも、こうした思想が生後にまで延長した結果と見ることもできる。子どもは母親の処分にまかされているのである。

結論を繰り返すなら、日本共同体への加入資格とは、厳密にいうなら、まず見かけ上に大きな障害を示さずに生まれてくることである。現在も出生前診断が問題になっている。ここでも実際的には、共同体の原則が貫徹しているであろうことは、容易に想像がつく。乱暴に表現するなら、出生前診断と呼ばれるものの一部は、間引きが出生以前に延長したものと見ることもできよう。

資格の喪失

日本共同体の一員であることの資格は、死ぬことによって喪失する。これもきわめて厳密な規則である。

世間では、死者は人とは見なされない。告別式の帰りに、塩をくれるという風習を考えるなら、それはあまりにも明らかであろう。ガンの末期の患者さんで、死の前日にお見舞いにいったとしても、もちろん塩は撒かない。翌日にその人が仮に死んだとするなら、たちまちその人は塩を撒かれる存在に変わる。それをケガレと呼ぶのは勝手である。しかし現代人がケガレを本気で重視しているとは思えない。それはあくまでも伝統的な説明であろう。要するに、死んだ人は世間の人から外れるのである。塩を撒くことは、それをあえて確認する手段の一つである。

戒名についても、同じことがいえるであろう。仏教関係の人は、戒を受けた人の名が戒名だというかもしれない。それもまた、単に説明であるにすぎない。実際に戒名が世間において意味していることは、死者はべつな人になった、あるいはただの人ではなくなったという確認であろう。欧米の墓には、当人の俗名と、生年および没年が記してある。つまり墓に入っているのは、あくまでも「ただのその人」である。戒名がついている以上、日本の墓に入っているのは、なにか違う人でなければならない。戒名とは、日本の世間では実質的に仏教の説明とは違う意味を持った。それは少なくとも当人が、ただの世間の人ではないことを強調しているのである。

隠語で死者をホトケと呼んだり、土左衛門と呼んだりするのも、同じことであろう。人でない以上は、なにか名称を考えなくてはならない。そのくらいに、世間における死者と生者の区別ははっきりしている。それを私は日本世間における差別構造の基本だと見なしている。

⚘死者を大切にすることは、ひっくり返せば、差別することである。そこに存在しないのは、死者もまた「ただの人」だという視点であろう。生きていればただの人だが、死んだとたんにホトケになる。それが世間の暗黙の規則である。私はそのホトケを具体的に扱ってきたので、若いときにはほとほと扱いに困った。ホトケの扱い方など、どこまで丁寧にしたらいいのか、教わったことがなかったからである。ただの人だと思えば、話は簡単である。どんな病院であれ、動けない、口が利けない患者さんを扱わなくてはならない。そのときの患者さんの扱い方と同じにすればいいだけのことである。それが私のいう、ただの人の意味である。

日本の世間で死者が生者から厳密に区別される理由は、死んだら共同体の一員である資格を喪失したと見なされるからである。つまり人ではなくなるからである。逆にいうなら、日本共同体はしばしば死なければ離脱できない。それを儀式化したのが、侍の切腹である。共同体のさまざまな利害のもつれは、ときに容易に解きほぐせない問題を引き起こす。そのときに最終的にとられる解決法は、共同体からの離脱である。死ねば、そうしたもつれは解けたものと見なされるからである。平成十年度の自殺者数は、九年度を数千名上回って、三万名を超えたという。その意味では日本は自殺大国でもある。この傾向は、日本共同体が存続する限り、変わらないと私は思っている。

共同体からの離脱は、自殺だけに限らないはずである。この場合、亡命が諸国で典型的にとられる手段である。しかし日本人は共同体の一員であることに徹底的に慣らされているため、外国に逃げることをふつうはしない。日本国が亡命を認めていないのは、まさにこの理由からであろう。共同体に亡命はない。ただそこから「消える」ことはある。これが蒸発であろう。現代の日本人のなかで、いい意味で変わった人は、しばしば外国の、それも田舎に住みついている。それが私の印象である。世間を出てみたものの、これだけ交通が発達して情報が早ければ、世間の手が届いてしまう。だからできるだけ田舎に行ってしまうのであろう。

結論的にいうなら、世間では「死んだら人ではなくなる」。だから逆に、人とは世間の人なのである。胎児も死者も、世間の人間規定では「人ではない」。このことは、日本という世間を考えるうえで、もっとも重要な点の一つである。

共同体としての世間

日本という世間は、さらに小さな共同体の入れ子だと述べた。そうした小共同体への加入資格を考えてみよう。典型的には、大学がそうである。

日本の大学が機能体というより共同体であることは、塾の隆盛を見てもわかる。塾はあくまでも「勉強ができるようになるため」「入試に受かるため」である。そうした機能が明瞭であることから、塾は学校よりもはるかに機能体としての性質が強い。大学になんのために通うか、学生を見ていると、ほとんどわかっていないのではないかと思う。塾ならそれははっきりしている。ということはすなわち、日本の大学もまた、共同体としての性格を強く持っているということである。

❦ハーヴァードのロースクールは、入学者のうち卒業するのが二五パーセントだという。これはわが国では考えられない数字である。そのかわり卒業したての人が、そのまま弁護士や検事として使えることになる。これはロースクールが機能体であるということにほかならない。

日本の大学はむしろ共同体である。だからそこに「帰属する」ことが重要なのである。たとえば私は還暦を過ぎたこの歳になっても、略歴に卒業大学と卒業年度を書く。それが意味しているることは、ある意味でまだ私は大学を「卒業していない」ということである。これがいわゆる学歴社会の実質的意味である。大学という共同体にいったん加入すれば、どうせ死ぬまで出られない。だから卒業は日本ではやさしい。ところが入学はきわめて難しい。それは共同体の加入資格がうるさいからである。出るほうはというなら、どうせ死ぬまで、一生「出ない」のだから、うるさくいう必要がない。

共同体への加入資格とは、じつは共同体全員の承認事項である。それをいささかでも変えるためには、憲法改正よりも厳しい手続きがいる。構成員全員の一致が必要だからである。

❦大学入試の厳しさは、外国人が長く日本に住んで、日本語しか使っていないのに、日本人にしてもらえないと嘆く、あれと同じ厳しさである。入試はたとえ私立大学であろうと、公平、客観、中立でなければならない。そこには共同体の暗黙の規則がじつに明確に出ている。ケネディ大統領がハーヴァードの法学部に入れたのは、父親が多額の寄付をしたからである。そんなことは、日本人である私でも知っている。日本ならそれは不正入試であろう。

日本で脳死が大問題になったのも、このことと関係している。脳死を死と見なすのは医師である。医師は日本の世間では、特定の職能集団に過ぎない。その一部の集団が、ある個人が共同体から出ること、つまり死ぬことを、勝手に決めていいか。それが世間一般の感情の根底にあった問題だと思われる。脳死を死と認めるなんて、とんでもない。これは論理ではなく、感情だといわれる。そうした感情、あるいは感性とよばれるもの、そこには共同体の暗黙の規則が含まれている。その規則を決して「勝手に動かしてはいけない」のである。そんなことをしたら、世の中どうなるか、わかったものではない。そういう不安のようなものが、世間の論調から感じられる。そこに出てくる「世の中」、それこそがまさに世間なのである。そこには日本社会の根底を支えているのは、日本共同体の規則だということがはっきりと見えている。ただしもちろん、こうして私が論じる以外に、たとえば脳死問題を日本共同体の問題と見なす人はほとんどいない。だから脳死とはなにか、その診断基準をどうするかという、素人にはわかりもしないし、興味の持ちようもない議論だけが、表に出たのである。

このように、その根底を意識下に置くことによって、共同体は存続するものらしい。和魂洋才といわれたもの、それは菅原道真の和魂漢才の頃から、われわれの文化の根底に位置しているものである。その実質的意味は、日本共同体の維持であるに違いない。共同体の規則は、意識化してはいけないらしい。それが共同体を維持する知恵なのであろう。日本の言説のなかに置かれた典型的なタブー、その根本はおそらくこのことである。天皇制に関わる言説のタブーも、まさにその一部に過ぎないのである。

第8章
シンボルと共通了解

新人の特質

現代人あるいは人類学でいう新人は、二十万年前頃に生じ、五万年前以降には世界中に広がったと見られる。ヒトの身体的進化については後の章で述べる。ともあれ現代人を特徴づけるのが脳機能の進化であったことは疑いないであろう。ではどのような脳機能の発達を現代人の特徴と見ればいいのか。

なによりそれはシンボル操作能力だと思われる。シンボル操作の典型は言語だが、遺伝的にはヒトにもっとも近いチンパンジーでも、言語能力はきわめて限られる。有能な専門家が、平均より能力の高いチンパンジーを子どもの頃から仕込んだとしても、努力している専門家には気の毒だが、言語能力の発達はたかが知れている。しかも言語の音声表現は、チンパンジーにはほぼ不可能と見られる。

シンボル操作がとくに発達したのは、現代人つまり新人段階だと私は考えている。なぜなら考古学的な遺物がそれを示すからである。たとえば約四万五千年前の欧州の遺跡から、マンモスの歯を削って円盤状とし、よく磨いたものが見つかっている。歯はきわめて硬いから、いわゆる原始時代の状況を思えば、こういうものを作る手間は、いくら昔の人が暇だったからといっても、ほとんど想像を絶する。しかもこうした遺物の用途は、よくわからない。つまりそういうものを作り出すのが現代人なのである。それ以前の人類は、もっと「よくわかる」ものしか作らなかった。現代人以前の人々の遺跡から発掘されるのは、ナイフや斧のような形の、そのもの自体の形態から用途が推測できるもの、つまり実用品のみである。

❦かつてきわめて素朴に、道具を用いるのはヒトだけだという考えがあった。いまではそうでないことが明らかとなっている。たとえばチンパンジーはシロアリの巣に小枝を突っ込み、食いついて来るアリを捕らえて食べるという。ただしこうした道具は、まさに「それ自体」が実用的に利用されるものである。したがってその道具の形態は利用目的に適合している。

そのもの自体の用途が、そのもの自体からはわからないもの、それはじつはシンボルである。シンボルはそれと「教えられないかぎり」、なにに利用するものか、その用途がわからない。言い換えれば、シンボルが具体的な物体として示されると、そのシンボルを支える背後の規則、つまり脳内の規則がわからない限り、意味が不明になってしまう。たとえばナイフのような実用の道具であれば、その形態から用途が推定できる。ところがお守りやアクセサリーには、ナイフのような具体的な用途があるわけではない。したがって形からこれがお守りだとか、アクセサリーだとか、区別することができない。じつはお金も同じだということがおわかりになるであろう。紙幣でも硬貨でも、金でも貝でも、果ては石でもいいからである。それだけではない。スポーツやゲームに利用されるもの、碁・将棋・麻雀・ゴルフ・野球などの道具は、そのゲームの規則を知らないと、その意味がわからない。それは言葉の場合とよく似ている。樹木を音声で「キ」と表現するのは日本語だが、「日本語という脳内の規則」を知らない人が「キ」という音を聞いても、なにを意味するかわからない。シンボルはつねにそうしたもの、換言すれば「恣意的なもの」である。現代人はこうしたシンボルを自由に操る能力を発達させた。その典型が言語だが、絵画もまたシンボル表現である。したがってクロマニヨン人の段階になって、有名な洞窟絵画が描かれるようになる。当然ながら同時に音楽も生じたと思われるが、これは遺物が残りにくいので確証はない。ネアンデルタール人（旧人）がどのていどの言語能力を持っていたかについては議論がある。しかし遺物に見られるシンボル性の強さを考えるなら、新人つまりクロマニヨン以降の人類のシンボル能力は、旧人に比較して桁はずれに大きい。したがって言語能力についても、新人と旧人のあいだに境界を引いていい。私はそう考えている。

❦原人段階では、ヒト科に属する複数の種が、アフリカの一部で共存していたと考えられる。新人とネアンデルタール人は、おそらく共存した時期がある。少なくともヨーロッパ地域では、新人がネアンデルタール人を滅ぼしたと考えられることが多い。他の種をひたすら滅ぼすという凶暴性は、新人で頂点に達していることは間違いあるまい。

シンボル体系の維持

すでに述べたように、シンボルは背後に、つまり脳内に体系的な規則をもっている。それを一般的にはシンボル体系と呼ぶ。言語は典型的なシンボル体系である。しかしシンボル体系はむろん言語のみではない。科学や宗教、政治や経済、芸術など、ほとんどの人間活動はシンボル体系であるか、シンボル体系を含んで成り立つ。

ペットとしての動物がもっとも理解しないもの、それがシンボル体系であることは、日常経験することである。犬を肉屋にお使いに行かせることはできる。しかしおつりの勘定はさせられない。貨幣はシンボルであり、それを扱う経済はシンボル体系だからである。シンボル体系は約束事の世界である以上、それを変更することは、論理的にはいつでも可能なはずである。ところが言語が典型であるように、シンボル体系を恣意的に変更することは、ふつうできない。

⚜すでに第2、3章で説明したとおり、言葉はしばしば外界の指示対象と同時に、対応する脳内活動を指示している。リンゴという単語は、それに相当する脳内活動、さらに外界にあるリンゴ、その両者を指示する機能を持つ。それに対して、シンボルはもともと外界に指示対象を持たない脳内活動を外部に表出するものである。つまり脳内活動を「示そうとするもの」である。だからそれを言葉にしてもいいし、「物体としてのシンボル」を作り出してもいい。どちらにするかは、しばしば便宜上の問題となる。シンボル自体が本来それが示しているはずのものと取り違えられるのは、普通に起こることである。宗教における偶像崇拝の禁止は、その取り違えを禁止するものである。偶像は神ではないし、国旗は国家ではない。しかしシンボルの機能は「代用」にあるのだから、取り違えの禁止はじつは難しい。理屈でいうなら、「踏絵を踏まない」のが偶像崇拝に相当する。だからキリスト教信者なら、「踏んでいい」はずである。踏絵はただの板切れだからである。

偶像崇拝を強く禁止するイスラムが、聖地を置くのは奇妙である。ヒトはやっぱりどこかで「具体的シンボル」を要求するのである。偶像をすべて否定するなら、聖地も否定されるはずである。モノはダメだが、地面ならいいという理屈はあるまい。私から見れば、メッカもエルサレムもただの地面である。イスラム教徒にそんなことをいえば、殺されるかもしれない。プロテスタントも偶像崇拝を禁止する。そのかわりに聖書を重視する。いわば聖書を偶像化する。ファンダメンタリストはその典型であろう。こんなことをいえば、今度はファンダメンタリストに殺されるかも知れない。偶像をできるだけ分散するのがよいか、集中すべきか。そのやり方それぞれに利点と欠点があるから、時代により場所により、両者が存在するのであろう。自然宗教ではいたるところに神様が宿ってしまうが、イスラムではメッカに集中し、プロテスタントでは聖書に集中する。

ともあれヒトがシンボルを作り出し、しかもそれをしばしば強く「要求する」ものであることは、宗教を見ればわかる。

ではなぜ、どのようにして、シンボル体系は維持されるのであろうか。じつはわれわれが文化とか伝統とか呼ぶもの、それがそれぞれのシンボル体系を含み、共同体によって維持されるのである。シンボル体系をコンピュータのソフトのようなものと見なすと、共同体ではソフトが「共有されている」。日本人は日本語というソフトを共有しているのである。ヒトの社会化のなかで、ヒト社会に起こった重要なできごとは、こうしたシンボルの共有だった。

それぞれのシンボル体系は、ある特定のヒト集団に共有される。逆にシンボル体系を共有する集団を共同体と規定してもよい。こうした共同体は、言語、婚礼や埋葬その他の社会的儀礼、通貨などを共有する。つまりシンボルとシンボル体系を共有する。

シンボルの恣意性から、シンボルが異なると、ヒト集団が分離する理由がわかる。国家は異なる国旗のもとに国民を糾合する。だから国の数だけ国旗がある。学者はそれぞれの専門分野の術語を共有する。それがある学問分野を作る。しかもそれを共有しない個体は、その集団から排除される。排除の論理については、後に章をあらためて述べる。

現代人＝新人が発生して以来、こうした共同体はおびただしい数、発生したと思われる。

世界の言語の数は五千に達するという。シンボルとシンボル体系には、さまざまな種別があり、体系間に階層性がある。したがってたとえば言語を共有する集団のなかにも、異なる階層に属するシンボル体系をもつ、さまざまな副次的集団が派生する。ヒト社会はシンボル体系によって多様化し、階層化するのである。

❦シンボル体系によってヒト集団が多様化することを、脳による多様化と見なすことができる。これを文化的多様性という。文化の多様性を生物多様性の一面と見なしてよいと思う。細胞-遺伝子という情報系でも、似たことが生じる。それが生物多様性、種分化であろう。とくに昆虫の場合、行動が強く固定されるので、わずかに行動が異なってくると、種分化せざるをえなくなるはずである。とくに生殖行動が異なってしまうと、別種とならざるをえない。昆虫がおびただしい種を生み出し、ヒトが多彩な社会集団を作り出すのは、細胞-遺伝子という情報系と、脳-言葉という情報系に起こった類比的な現象である。

マイアーによる生物学的な種の定義は、種とはたがいに交雑しうる個体の集団だ、というものである。それは他種とは「遺伝的に分離する」。これを類比としてヒトの脳でいうなら、共通了解が可能なヒトの集団は、他の集団と分離するということになる。後にも述べるように、たがいに了解可能な個体の集団が、もっとも基本的なヒト集団であることは明らかであろう。パターソンは「たがいに同種と認知しあう個体の集団」を種だとした。マイアーとパターソンの種の定義を合一させれば、本書で述べている「二つの情報系」を満たす種の定義が生じる。同種と認知するのは脳であり、その結果として生殖行動が起こる。さらにその生殖行動が新しい個体を発生させ、その個体には遺伝子の作用によってふたたび脳が生じる。その脳が「同種」をふたたび認知する、というわけである。

ヒトの脳はなぜ大きくなったか

ヒトが社会を作る動物であることと、大脳の新皮質がいわばひたすら大きくなったこと、この間には強い関連がある。ヒトは霊長類に属するが、霊長類は種によってさまざまな型の集団を作り、しかも新皮質が他の哺乳類に比較してよく発達する。そのなかでヒトという種は、とくに新皮質を発達させてきた。ここにはきわめて強い「選択圧」があったと考えざるをえない。

ヒトの新皮質の発達については、二つの面からの説明が必要である。一つは、どのようにして発達が可能になったかであり、もう一つは、なぜ発達する必要があったかである。「どのように」を具体的にいうなら、遺伝子がどう変更され、その結果、発生過程がどう変化して、新皮質の発達が生じたのか、という問題である。これらは生物学的な問題であり、すでに第5章で一部を議論した。実際に新皮質の発達は「生じてしまった」のだから、

「どのように」への解答は存在するはずである。この話題はここではこれ以上論じない。あとはまさに専門領域の詳細になるからである。

他方、「なぜ」を具体的にいうなら、新皮質の発達を助長した外部要因はなにかということである。外部要因については、数多くの仮説がある。しかしヒト脳の発達は急速であり、そうした場合に疑われるのは、まさに「自然選択」である。なぜなら強い「選択圧」がかかるなら、急速な進化が起こるであろうというのは、自然選択説がつねに説くところだからである。そうした「選択圧」はヒト社会によって負荷されたと私は考える。それなら自然選択というより、人為選択というべきかもしれない。ただしこの「人為」選択は、べつに「新皮質を大きくする」という意図を持っていたわけではない。選択は機能にかかるものであるが、その強く選択がかかった機能とはなんであろうか。

❦すでに述べたように、自然選択説自体は正しいとか正しくないというものではない。今の議論にそれを適用することが適切か否かなのである。脳は情報器官であり、そんな変な機能を果たす器官は、じつは一つしかない。脳と並ぶもう一つの情報系である細胞‐遺伝子系は、器官ではない。すでに述べたように、自然選択説とは情報に当てはまる規則である。したがってそれが脳という情報器官の進化に該当して不思議はないであろう。自然選択説はむしろ他の器官の進化には該当しないかもしれないのである。

個人や共同体のあいだで、言葉やシンボル体系が異なっていると、たがいに接触した場合に問題が生じる。それはたがいに「理解できない」からである。シンボル体系を「共有する」ことの重要性はそこにある。しかも理解されない個体は、結局は排除される。それが現代においても、ヒト社会の厳しい規則であることは、素直に考えるなら、だれでも納得するはずである。そこには集団への適合という前提が置かれるが、それにはなによりもまず「他人を理解し、他人に理解されなければならない」のである。これを共通了解可能性と呼ぶことにする。ヒトの新皮質が大きくなったのは、機能的にはそのためだと考えられる。選択の対象となった「機能」は、おそらくこの「共有」であろうと思われる。

❦「理解」とは、もともとは脳機能の共有を指している。相手がイヌやネコであっても、「怒っている」「喜んでいる」くらいは、ただちに「理解」できる。喜怒哀楽はおそらく遺伝的に、つまり生得的に脳に植えつけられる機能と考えられる。ヒトの場合であれば、生まれつき目が見えない、耳が聞こえない子どもであっても、喜怒哀楽の表情は適時に発現するからである。喜怒哀楽は大脳辺縁系の機能と関係する。辺縁系の構造と機能は、ヒトであれイヌであれ、基本的には似ているから、われわれはイヌやネコの感情を「理解する」。

解剖学的には、辺縁系は扁桃体《へんとうたい》なり海馬《かいば》なり、それぞれの部位によって、部位に固有の構造を持っている。それに対して大脳新皮質は、全体に類似の構造を示している。新皮質の定義のひとつは、少なくとも発生段階のある時期に、あるいは終生、組織学的に六層構造を示す部位だというものである。たとえば一次視覚領は、他の新皮質と比較して断面が異なっており、有線領《ゆうせんりょう》とも呼ばれた。これは断面で線状の構造が見えるからである。しかし基本的には断面は六層構造を示し、その層の一つがとくに発達しているため、断面に肉眼的な線が見える。その意味で視覚領が新皮質に属することは疑いない。

研究者によっては、コラムを新皮質の単位構造と見なす。この場合、皮質はコラムという小柱構造が横に並んだものと見なされる。マウスの体性知覚野に見られるバレルは、典型的なコラム構造の一つである。ただしコラムであれば、一個のバレル構造が皮質を縦貫するはずだが、実際にはバレルが明瞭に見えるのは第四層である。バレルは径〇・五ミリ以下の筒状の構造で、各バレルは数千の神経細胞からなっている。皮質面でのバレルの配列は、顔面での洞毛の配列に一致する。

新皮質がコラム構造であることを重視するなら、新皮質の機能が、辺縁系とは異なり、部位的に交換可能性があることが理解できよう。ユニット構造を示すということは、ユニットはどこでも「似た」機能を果たすということを意味するからである。もちろん通常では、皮質には末梢との連絡が存在するから、部位的な機能はまさに「割り付けられている」はずである。しかしこうした割り付けを変更しても、ユニットは機能を遂行できるはずである。実際にこうした意味での新皮質の機能の可塑性は、さまざまな実験や症例で確かめられている。

新皮質機能の共有とは、言葉の共有に見られるように、シンボル体系の共有である。喜怒哀楽の理解は、より直接的な脳機能の共有である。それは「理解」というより、「共感」である。前者の共有もまた、後者と同様に、直接的な根拠を脳内に持つかもしれないことは、最近の脳科学によって示されている。それはミラー・ニューロンの発見である。もともとこれはアカゲザルの脳で発見された。ある個体がなにかの動作をしているとき、他個体がそれを真似しようとすると、特定のニューロンが強く活動する。「サル真似」には脳科学的な根拠があった。ヒトではこのニューロンはブローカ領野に位置するといわれる。言葉を覚える過程の子どもが「オウム返し」に強く興味を持つ時期がある。これはこのニューロンのはたらきを直接に示しているのかもしれない。

自分がなにか運動（行動）しようとすると、その運動のイメージが脳内に生じる。そのイメージが、視覚を経由して入ってくる相手の行動と一致する程度によって、ミラ

ミラー・ニューロン Mirror Neuron：自分がある行為を「する」ときと、相手が同じ行為をするのを「見る」ときに、同じように活動するニューロン。はじめサルの大脳皮質の運動前野、腹側運動前野（F5）で確認された。ヒトにおいては、運動性言語野であるブローカ領野に存在することが示唆されている。

ー・ニューロンが活動するのだと思われる。これは脳機能の「共有」機構について、重要な示唆を与える。ミラー・ニューロンのような機能は、なにもニューロン単位ではなく、回路単位でもいいではないかということを示すからである。

ヒト社会で、いったんシンボル体系の操作が基本的なものとして採用されると、それを了解しない個体は徹底して排除されたはずである。その状況がシンボル操作に関して脳にかけられた強い選択圧だったと思われる。こうした選択圧は、さらにシンボル操作の内部に及ぶ。なぜなら、言語は脳に特定の論理構造を与えてしまう。そこから「論理的に」他人を説得することが始まる。こうした論理操作も、シンボル操作に属することは明らかである。これを「強制了解」と呼ぼう。哲学はもともとそうしたものであろう。さらに数学的証明は、強制了解の典型である。「理詰め」という表現がその「強制」をよく示している。もしそれを「了解したくなければ」、わからないフリをするしかない。もともとわからないなら、それはそれで仕方がない。ただしその無理解の程度によっては、社会から排除される可能性がある。

論理操作のみの強制了解は、さらに進んで、論理だけではなく、証拠を示すという形をとるようになる。「実際にそうなっているんだから、仕方ないじゃないか」。これが科学一般、とくに自然科学であろう。現在のわれわれの社会では、強制了解はこの段階まで進んでいる。つまり歴史的には、共通了解はまず言語による共通了解にはじまり、論理・哲学・数学による強制了解、自然科学による実証的強制了解へと進んできた。さらに進むとすれば、わからない場合は、わかっていない脳を操作的に変更するということになる可能性はある。これまでのところその始まりは「教育」であり、その終わりは洗脳である。

ここで念のために、共通了解が社会の基本になっていることを再論しておく。心はふつうきわめて「個人的なもの」と見なされている。しかし自己に関する章でも述べたとおり、心は個人的ではない。まったく個性的な論理と感情に基づき、まったく個性的な行動をとれば、ふつうは精神科の病室に行き着く。友の憂いをともに憂い、友の悲しみをともに悲しみ、友の喜びをともに喜ぶ。それを親友という。あるいは人の心がわかる人こそが、人として最良の存在であることは、論を俟たないであろう。心とはつまり脳の機能、とくに意識的機能を指す。意識的な機能はしたがって「共有されるもの」として進化したはずである。いかなる名論卓説に基づいて書物を著しても、だれも理解しなければ意味がない。現代社会では「個性は心にある」ことが常識になっているので、右のような議論はあるいは「変な」議論に聞こえるであろう。個性は身体であり、それは生物学的にも証明されている。死ぬまで個体の遺伝子は同じだが、脳は同じではない。「つねに同じでないもの」を、どうして個性と呼びうるのか。

学者は知的先取権を主張しがちである。論文は脳の外に表出される表現だから、固定している。したがってその論文が、他の凡百の論文と違って個性的であることを主張することは可能だし、事実そうなっている。しかしその内容は、理解されてしまえば、理解した人に共有される。だれにも共有されない思考は、あったとしても、定義により、当人以外には意味を持たない。

脳機能の発達について、誤解を生じやすい点を以下に注記しておく。ヒトの脳が発達したというとき、多くの人がそれを生理機能の発達と考えてしまう。生理機能の発達とは、走るのが速くなるとか、呼吸の効率がいいとか、食べ物を消化しやすいとか、そういうことである。内分泌のように、もちろん脳も重要な生理機能を果たしている。しかしここで問題にしている脳機能とは、情報機能とでも呼ぶべき機能である。これを生理機能のように考えるから、脳が発達したとはつまり「頭がよくなったことだ」などと考えてしまうのである。同じ情報機能でも、コンピュータが行う計算や記憶は、たしかに生理機能に似ている。この種の情報機能がヒトの脳でよく発達するのは、むしろ言語能力がない場合である。サヴァン症候群では、言語能力のほとんどない人たちが、いついかなる日でも曜日をただちにいうことができるというカレンダー計算能力、眼前の風景を完全に記憶するというカメラ・アイ、演奏された曲をその場でただちに覚えこむという能力、桁の大きい素数を順次追うことができる能力などを示す。これらのきわめて「高い」能力は、じつはヒト社会のなかではほとんど役に立たない。こうした人たちは、言語能力が十分でないということで、むしろ排除されてしまう。だからヒト社会で要求される脳機能は、こうした特定の情報機能ではない。要求されるのは、言語機能のように、共有機能とでも呼ぶべきものなのである。

言語と共通了解

言葉は人々のあいだでの共通了解可能性を保証する。ではどのような了解を保証するのか。現在では多くの人が言葉をコミュニケーションの手段だと見なす。機能的にはそれでいいが、それだけでは言葉の機能を説明することはできない。また、言葉ではないコミュニケーションの手段と、言葉の区別ができない。

❦ここで言葉に関するイメージを注記しておく。現代では言葉はほぼ「使い捨て」と見なされている。その場合の言葉のイメージとは、「確固たる自分や他人があり、フラフラとした言葉がその間を飛び回っている」といった感じのものであろう。しかし、最初

サヴァン症候群 Savant Syndrome：他人とうまくコミュニケーションできなかったり、IQが極端に低い一方で、ある一点、とくに記憶力や表現力において驚異的な能力を発揮する人びと。

の数章で詳説したように、言葉は固定している。他方、脳はひたすら変化している。したがって、社会のなかには、表現された言葉という不動の固いものがあり、その周囲にその言葉を聞き、あるいは読んで解釈している、不定形の、つまり「やわらかい」脳が多数とりついている、そういうイメージのほうがここでの議論に合う。

自己は固定しているが、言葉はフラフラ動く。そうしたイメージから生じた具体的な社会変化は、たとえば「約束」の意味の変化であろう。いまでは約束を守るという徳目が消えたように思われる。なぜならヒトは変わらないという前提なので、約束を守れない状況がくれば、それは状況が変わったのだと見なされるからである。そうした考え方のもとでは、約束を守る意味がもともとない。だから約束を守ることが徳目ではなくなる。しかしヒトは変わるという前提があれば、約束を守ることに強い意味が生じる。変わる以前の、約束をした過去の自分もまた自分だという社会的規定が生じるからである。「武士の一言」とはその意味だと思われるが、いまではだれもそんなことは信じないであろう。「走れメロス」や「菊花の契り」とは、まさに中世的世界なのである。

ここではこうして言葉を固定したものとして論じている。したがって、現代社会の常識で読んでいただくと、なにがなんだか話がわからないという結果になるはずである。

言葉はある種の了解可能性を保証するが、他の種の了解可能性は保証しない。それが以下の主題である。たとえば色を考えてみよう。赤と呼ばれる色を見たとき、われわれは「暖かい色」という感じを受けるかもしれない。しかし人によっては、「冷たい」と思うかもしれない。しかし赤色の与える直接の印象は、個人においてつねに固定していると感じられる。そこで、その印象に対して、たとえば「赤」という文字およびアカという音声記号を与える。そうすることによって、ひょっとすると、赤色を見てふつうの人なら青色を見たときの冷たい感じを受ける人であっても、言語のなかでは同じ「赤」という記号を用いることができる。つまり「この壁紙は赤色だ」という言明は、赤を見たときの直接印象が、個人間でかなり差異があったとしても、了解可能なものとして成り立つ。

❦右は感覚の例だが、普通名詞であっても、話は似ている。たとえば「木」という単純な名詞を例にとろう。「木」という記号を見たとき、それが人々の頭のなかに引き起こす反応ないしは連想のすべてを、われわれは特定することができない。しかし木という言葉を、われわれはただちに「了解する」。それはそのままこの言葉の相互了解に通じる。これはずいぶん「変な」了解ではないか。そもそもいったいこの「木」とは、具体的にどんな木なのか。それがわからない。背が高いのか、低いのか、葉は枯れているのか、青葉か、新芽か、どこに生えているか、どんな形か、一切不明である。そう考えると、「木」という単語あるいは記号によって、われわれはいったいなにを了解しているのか。

逆に具体性が不明でなければ、「木」という記号は、特定の木になってしまうかもしれない。その特定の木を私が知らなかったら、木という言葉がなにを意味するのか、私にはわからないはずである。それは固有名詞によく当てはまる事情である。池田清彦とか磯知七美といったところで、知っている人にはどんな人かわかるが、知らない人にはまったくわかるまい。ではその「知っている」とは、いったいなにを「知っている」のか。素朴実在論者であれば、そりゃ当の本人を知っているのサ、で済ませるであろう。しかし私の考えている池田清彦の人物像と、池田夫人の考えている人物像は、まったく異なっているかもしれないのである。

西洋人はしばしば「言葉で言えないことは『ない』」、つまり「存在しない」という。聖書には「はじめに言葉ありき」と述べられている。これはいったい、どういう意味であろうか。以前私は豪州に留学した。そこで論文を書き、原稿を豪州人の同僚に見てもらったことがある。その論文の一部について、「どうもうまく英語でいえないんだが」といったら、その同僚が私をジロッと見て、「英語でいえない事実はない」といった。

これを解釈すれば、言葉でいえないことは、社会的には存在しないと見なしてよい、ということである。彼らの社会は、そういう社会なのである。だから逆に、彼らの世界ではクオリアが問題となる。

クオリア問題と言語

「言葉にならないことは存在しない」と主張したとき、日本人ならほとんどだれでも、それは極端だと考えるであろう。むしろわれわれは言葉にならないことが存在するという常識で生きてきたからである。むしろクオリア問題は、日本人にとっては、ふだん鮮明には意識化されない問題だと見てもいい。しかし言葉というものを中心に考える西洋人たちが、クオリアを問題にしてきたことは、なにを示唆するか。それはおそらく、言葉という情報システムが、むしろクオリアを消去することによって機能する、ということである。言葉でいえないことはないと主張したとき、それならクオリアはどうなるという疑問が、ただちに生じるからである。それが実際に西洋人の頭に起こることなのであろう。いうなれば、自然科学はそれを「主観」として排除した。

❦この場合のクオリアとは、たとえば赤色を見たとき、それを暖かいと感じるか、冷たいと感じるか、さらにいいようのないさまざまな感じを持つ、そのことである。言葉はそれを正確に表現できない。むしろそうした「もろもろ」を消すことによって、われわれは赤という記号を「言葉として」利用する。なぜなら赤という記号が「暖かい感じ」およびその他もろもろを含まなければ通じないとすると、「赤」という言葉は共通了解可能性を欠いてしまうからである。だってあの色は私には冷たく感じられるのだもの、という人がいるかもしれないからである。

言葉はじつはそうしたある種の「主観性」すなわちクオリアを消して成り立っている。そこがこの議論の要点である。なぜ言葉はクオリアを消すのか。クオリアはかならずしも了解可能、換言すれば、伝達可能ではないからである。赤の直接印象はある個人にとってつねに一定だと述べた。だからこそわれわれは赤を赤といえる。昨日は赤に見えていたものが、今日から青に見えているというのでは、赤や青という言葉は成立しない。

すでに情報の基本的性質として、不変性を挙げた。なぜ不変である必要があるのか。それが了解可能性をまず確保するからである。われわれは言葉という不変なものを媒介にして、共通了解可能性を確保する。だから言葉は音声や文字という記号として外部化される。外部化されたものは、不変だからである。

クオリアの排除

クオリアを言葉はどう排除するのか。この問題は、別な文脈であるが、すでに他の書物で説明したことがある（『唯脳論』青土社／ちくま学芸文庫、『考えるヒト』筑摩書房）。

もっとも重要な点は、言語が聴覚と視覚に共通の情報処理過程として成立していることである。これはふたたび「あまりにも当たり前」であるため、私以外のだれかが指摘している事実を私は知らない。アブラゼミはジージーと鳴き、ミンミンゼミはミーンミーンと鳴く。それなら褐色の翅と黒い胴体というアブラゼミの視覚印象は、ジージーという鳴き声とどういう関係があるのか。透明な翅と緑色の胴体は、ミーンミーンという音とどう関係するのか。それぞれのセミの視覚印象と聴覚印象は、それを結合する論理関係をまったく持っていない。アブラゼミがあの姿でミーンミーンと鳴いたとしても、べつにだれも困らない。文字についても、それは成り立たない。木という文字は、キ、モクあるいはボクと呼ばれる「しかない」のである。それが約束事だからである。

ところが言語が視聴覚という、まったく異質な二つの感覚を「結合する」からこそ、音声言語はたとえば擬音語をしだいに排除し、文字言語は象形文字の「象形性」を消していくのである。つまりイヌをワンワンといっても「わかる」し、ネコをニャアニャアといってもわかる。しかしそれは幼児語としてやがて排除される。それはワンワンもニャアニャアも、聴覚でなければ捉えられない性質だからである。聴覚でなければ捉えられないということは、その性質が視覚にとってはまったく意味を持たないということである。したがって、言語が視聴覚という二つの異なったシステムを結合する情報処理過程である以上、そのシステムからは純粋な聴覚印象はいずれ排除されることになる。さらにセミの声は、まさにクオリア性を帯びている。なぜなら、ミンミンゼミの鳴き声が本当にミーンミーンかというなら、ウーンウーンでもいいかもしれないし、ニーンニーンとも聞こえるからである。なぜそれではミーンミーンかというなら、ミおよびンという音は、日本語のなかで使われる音声記号だからである。音声記号であれば、それは不変性を持つ。ゆえに普遍性を持つのである。しかしセミの声は、ヒトの発するミおよびンの音「ではない」。したがって、それは実際にはきわめて曖昧に受け取られる。その曖昧さとは、聞こえ方が人によって違うかもしれないこと、それによって連想されるものが、同じく個人間でバラバラであることを含んでいる。音声記号がそうなっては困るからこそ、われわれは音声言語の習得を若いときから始める。そうすることによって、聴覚は言語の音声記号を間違いなく発音し、把握するように発達する。

また文字がその象形性を消すことは、この象形という言葉に使われている「象」という漢字の起源を知る人には明らかであろう。この象という文字は、もともと象のマンガだった。いまではそれが象を示すことは、文字からはまず想像できない。なぜかというなら、象という文字が象の実際の視覚印象をなぞるとすれば、それは聴覚にとっては意味のない情報だからである。こうして近代言語は、聴覚に特有、および視覚に特有の性質を、言語の記号系から排除しつつ成立する。

それがすなわちクオリア性の排除と右に述べたことである。自己の脳のなかで聴覚と視覚という、まったく違う情報系を結合する。それが可能になることによって、言語が成立する。そのためにはクオリア性が排除される。たとえば自分の体が痛むということは、自分でもわかる。それを「痛い」という言語表現にすることもできる。ではそれがどのような性質の痛みであるか、十分に表現できるであろうか。自分の頭のなかでそれが「言語にならない」からこそ、他人にも伝わらない。逆に、この原稿は私が自分の頭のなかで言葉にしているからこそ、外部に原稿として表出できる。

こうしてまったく異なった情報系である視聴覚系を結合するという原理を用いて、同時に異なった脳を結合することが可能になる。それが言語の共通了解可能性なのである。そのためには、言語は脳の外に記号として表出されなくてはならない。つまり言語は自分の脳内活動であると同時に、コミュニケーションの手段となる。言語的に考える、つまり意識的に考えるとき、われわれは自分の脳内の他人と話しているとも考えることができる。意識という「脳のなかの他人」は、私の痛みの性質を十分には理解しない。心臓の痛みを「胃が痛い」と解釈したりする。狭心症の患者さんはしばしばそう訴えるからである。

❦言葉では通じないことがあるという日本の常識は、そういう意味ではむろん正しい。その通じない部分を中心として、われわれの祖先はじつは「心」という言葉を作ったと思われる。西行の「山家集」のなかで、心という言葉がどう使われているか、それを私は分析したことがある（『日本人の身体観の歴史』法藏館）。そこでは、心という言葉は、まさに情動を意味して使われているのである。情動もまた、典型的なクオリア性を帯びている。現代の日本社会について、人々は「心が失われた」などという。言語による共通了解可能性がはびこる世界では、当然ながらその意味の「心」は失われていく。「言葉にならないものは、存在しない」からである。

クオリア性の伝達

言葉が排除するクオリア性を、逆に保持しているものが絵画や音楽、つまり芸術である。絵画は視覚系にまったく依存し、音楽は聴覚系にまったく依存する。この場合、伝達つまり共通了解は、どうなっているであろうか。わかる人にはわかるし、わからない人にはわからない。極言すれば、そういうしかない。

作者と鑑賞者のあいだに、作品が置かれている。作品は表現であり、言葉と同じ、つまり固定している。固定していないのは、作者と鑑賞者である。この作品が一枚の絵であれば、それは鑑賞者の脳になにかを引き起こす。そこで引き起こされた活動が、作者の脳活動に近いほど、鑑賞者はその絵が「よくわかる」はずである。だから音楽や絵画、芸術一般について、作者の意図が完全に伝わるようにするには、鑑賞者の脳と、制作者の脳を同一にすればいい。脳は時間とともに変化するが、もちろんその変化も同じである。

絵画や音楽と、言葉の違いはここにある。すでに述べたように、言葉は視覚と聴覚とに共通になっているから、その段階で視覚や聴覚に特有の部分、すでにクオリア性と呼んだ部分を、できるだけ切り落としてある。そのために言葉の疎通性は、絵画や音楽より明らかに「よい」と感じられる。それをしかし、定量的に示すことはできない。また言葉自体がクオリア性とでもいうべきものを持つことは、ヒットラーの演説にひきつけられた人が多いことを考えてもわかる。ヒットラーははじめ、夜八時前には演説をしなかったといわれる。これがここでいうクオリア性と関係している。なぜなら音声言語は音声であることによって、すでに音楽と同質のクオリア性を帯びてしまうからである。文字でいうなら、書道がそうした「文字のクオリア性」とでもいうべきものを示している。

第9章　自己と排除

さまざまな自己

自己についてはすでに何度か述べてきた。ここでは自己の成立を論じるが、そのために自己についての論点をまず整理しようと思う。

子どもがしだいに自己を認識するに至る過程は、しばしば哲学や心理学の考察の対象となってきた。ラカン流にいえば、自己意識のそもそものはじまりは、他人という鏡に映る自分なのである。オモチャを指して子どもはそれを「ボクの」というが、その同じオモチャを父親は「お前の」という、というわけである。その言葉遣いが理解できるためには、自己と他者の明白な認識が同時に成立していなくてはならない。これが一般に考えられる自己の「社会的」起源であろう。

そのむしろ対極には、まったく「内なる自分」としての自己意識がある。これはデカルトのコギトに代表される。思うに、コギトには二つの意味が含まれている。一つは「われ思う」で、そこには自己同一性が表現され、それによってわれわれは自己の成立とともに、言葉を使う根拠を得る。これについては、すでに述べた。もう一つは、「実在」性である。これが脳における情報の究極の重みづけであることを、かつてすでに解説したことがある（『考えるヒト』）。この種の自己が、個体発生の過程で自然に生じるものか、社会的に置かれることによってのみ発生するのか、私は確言できない。ヒトは社会的動物だから、この点を追究する意味はあまりないはずである。

☙他方、「自己とは身体だ」とすでに述べた。その言い方が一般に認められないとすれば、どこか論理が変だからである。おそらくそれは、主語としての自己が、ふつうの用法なら「自己という認識」すなわち意識に含まれるものであるにもかかわらず、それを身体だと言明する矛盾である。つまりまず「自己」と述べたときに、それをすなおに自己意識を表現したものと解釈するなら、それを「身体である」というわけにいかない。さらに「自己とは身体だ」という叙述自体は言葉であり、それは意識の産物ないし意識の一部である。つまりこの表現には、自己言及の矛盾が含まれている。だから自己を自己意識のみに閉じ込めてしまう慣習に、利点がないわけではない。しかしその慣習に従うと、「自分探し」、あるいはすでに述べた心の個性や独創性といった、じつは「ないものねだり」が当然とされてしまう。

意識、自己という意識、自己同一性、身体、公的自己、私的自己など、本書で取り扱う自己に関する表現だけでも、ずいぶん多彩である。それをできるだけ単純なイメージとして描くことを試みるとすれば、自己意識は心と身体の折り返し点とでもいうことになろうか。この折り返し点から一方に向かっては、心の世界が広がっている。そこにはラマチャンドランがいうように、脳のそれぞれのモダリティに伴った各種の自己がある。たとえば一筋の記憶の延長上にあるただいまの私とは、記憶というモダリティに属する「私」である。折り返し点の逆側には、身体の世界が広がっている。これは広大な無意識の世界であり、それがミクロコスモスである。ただしこの折り返し点そのもの、それは狭義の自己意識、自己同一性、純粋の自己であり、広がりを持たないものとしての折り返し「点」になっている。

右の社会的に成立する自己と、それに対する純粋な自己、この二つが日常では微妙に交錯して表現される。自己中心的というときは、前者が無視され、後者が強いというわけであろう。自己にこの両面が含まれることは、ほぼ自明である。自己の成立を考えるとき、この二面は、意識の進化の際に述べた、外的要因と内的要因を代表するようにも思われる。それはさらに言葉の持つ二面性とも通じている（第4章）。

意識の機能

機能的に意識がなぜ存在するに至ったか、それはヒトの脳が巨大化したことを考えるなら、容易に想像がつく。脳にはさまざまな、まったく異なる機能が含まれている。たとえば感覚と運動は脳への入出力だから逆方向の機能だが、意識はそれを「同じ自分」だというしかない。さらにふだんは意識されないが、目が捉えた世界と、耳が捉えた世界に必然的な関係はない。意識はそれを「同じ」世界だという。だから意識＝言葉の世界は、視聴覚共通の情報処理機構として成立するのである。こうしていわば意識のおかげで、「同じこの私」が「同じこの一つの世界」に住み着くことになる。

❦日常経験に反して、自分がかならずしも一人ではないことは、脳障害の事例で明らかとなる。脳梁《のうりょう》は左右の大脳を連絡する繊維束だから、脳梁の障害では左右脳が別々に末梢までを支配することになる。こうした例では、エイリアン・ハンドと呼ばれる特異な症状が出現することがある。こうした症例では、たとえば右手は靴下をはこうとするが、左手は脱ごうとする。したがって靴下をはくという日常的な行為の間に十数分が経過してしまう。あるいは右手はドアを開けようとしてノブをつかむが、左手はその右手を阻止しようとする。両側脳が連絡していれば、こうした行為は、行為以前に「悩む」という「症状」として表現されるであろう。

典型的に「自分が一人ではない」と見なされるのは、いわゆる多重人格障害である。これは幼時の強い心的外傷により、記憶が分断されたために生じるという見方が、現在では有力である。分断された記憶のそれぞれに「人格」が成立すると見なせば、それぞれの人格がしばしばたがいの記憶を持たないことの説明ができる。右のエイリアン・ハンドを同時的な多重人格とすれば、いわゆる多重人格は異時的な多重人格といってよい。

意識は脳のきわめて高度な機能だと、暗黙に認められている。とくに現代社会、都市社会は「脳化社会」つまり意識中心の社会だから、この前提はほぼ当然とされている。

しかし人生の三分の一では意識がない。寝ているからである。それどころか、講義をしていれば、多くの学生が意識喪失に陥っていることを知る。こうした単純な例からも、意識中心主義に問題があることはわかるはずである。しかもこれほど容易に変動する機能が、「きわめて高度」だとも思われない。繊細だからすぐ失われるのだという意見もあろうが、それはすぐに気を失うフランス式貴婦人こそ、文化人の典型だとするのに似た論理である。

自己同一性という純粋な自己のみが自己であるなら、自己についての問題は少ない。自己とはなにかという疑問に、それは同一性だと答えてしまえば、残るのは、どこまでが自己かという具体的疑問である。換言すれば、自己の範囲という問題である。これがなかなか厄介であることは、直感的にも明らかであろう。

⚜自己の範囲が変動する例は、分裂病（統合失調症）の症状に認められると思う。「頭のなかで声がする」「考えを吹き込まれる」「考えを抜き取られる」などが、しばしば教科書的に記載される患者の発言である。脳内での自己の範囲が縮小すれば、頭のなかで声がしておかしくない。その部分が自己から外れたのである。同時にそれまで自己の内部にあった脳活動が、外に出てしまう。それなら「考えを抜き取られる」わけである。逆に自己がだしぬけに拡大すれば、いままで自己でなかった活動が自己の範囲に入ってくる。「考えが吹き込まれる」わけである。

脳の自己と身体の自己

脳が明瞭に自己規定することはだれでも知っている。しかし奇妙なことに免疫系もまた強く自己を規定するのである。ふつう免疫は外敵への防御だと見なされる。その副作用として、移植に対する拒絶反応が生じる、と。しかし生物はあまりムダはしないものである。ところが同じヒトの組織や器官どうしだというのに、免疫系はそれをやはり強く拒否する。これははたして外敵への防御が延長したものであろうか。

免疫系の自己規定を見ていると、服装の場合と同じような強力さを感じる。外敵の防御システムであるなら、外敵である可能性が高いほど、免疫系は強く機能していいはずである。ところがそうではない。抗原が自分に似ているものであっても、徹底的に排除する。だからその極限では、自己免疫疾患が生じることになる。自分で自分の一部を自分ではないというのである。そこで分裂病を思い出すのは、私だけであろうか。自己は「自己とはなにか」という規定によってのみ成立するのではない。自己以外の排除によって成立する。それをみごとに示すのが免疫系である。

分裂病はしばしば脳という情報系に生じた自己言及の矛盾を示すが、自己免疫疾患とは、免疫系に生じる自己言及の矛盾である。情報系における自己は、おそらく排除によって成立するが、その排除はこうした自己言及病を引き起こす。なぜ免疫系がこうまでして、「異物」を排除しなければならないのか。脳のモダリティと意識との関係のアナロジーでいうなら、組織や器官の成立と自己規定とが深く関わっているのであろう。たしかに発生期において、同じ仲間の細胞は寄り集まる。ということは、同時に異者を排除するのである。

❦クラゲのような単純な多細胞生物、あるいは脊椎動物の初期胚であっても、いくつかの種類の細胞を含んでいる。化学的処理によって、個々の細胞にバラバラに分割できる。それを培養器に入れ、遠心力がかかるように培養器を回転する。そうするとバラバラの細胞は集まって塊を作るが、その際に同種の細胞は集まって再結合する。こうしたことは、さまざまな組織や器官でよく知られた事実である。

こうした一種の「自己組織化」と、自己の引き起こす問題は、その基盤において間違いなく関係しているはずである。自己は自己であると同時に、他を排除しなければならない。神経系も、遺伝子系の系である免疫系も、自己に関わる類似の問題を引き起こすことは、生物の情報系の本質に関わる現象として興味深い。ただしこうした自己組織化の問題は、まだ十分に理解されているとはいいがたい。

身体と排除

免疫系は自己を規定するが、その自己規定は他者の排除と深く結びついている。世間の常識では、免疫系は外敵を排除するものである。しかしそれが本来ではないことは、近親者間の移植すら成り立たないことを考えればわかる。自己に近いものであっても、同じように強く排除される。進化の過程を考えると、そもそも臓器移植などを、免疫系が予測していたはずがない。それなら同じゲノムのなかでの個体変異を、なぜ免疫系がわざわざ排除する必要があるのか。

これはもちろん、考え方を逆転しなくては理解できないことであろう。近縁であるからこそ、むしろ強く排除される。さもなければ多細胞生物が成立しなかった可能性があるからである。発生の過程で細胞はさまざまに分化する。そのときに異質なものが生じてしまう可能性は、いつでもあるはずである。発生過程に限らない。ガンの発生を考えてもわかるであろう。免疫系は本来そうした細胞を排除するものとして生じてきたと考えれば、むしろ自己に近いものを敏感に排除するという、この性質はよく理解できる。その機能を延長して、さらに外敵の防御に利用したのが現在の免疫系であろう。生物がこうした機会主義的な戦略をとることは、現在ではよく知られている。

免疫系は遺伝子系に直接由来する情報系である。それが身体的に自己を規定するとともにに、神経系もまた心理的に自己を規定する。ということは、自己規定がヒトの持つ二つの情報系に共通する性質であることを示している。

これはなぜであろうか。生物学の難問の一つは、個体の成立である。細胞は個だが、その個が多細胞生物を生み出す。ところが多細胞とは、見ようによっては仮の姿である。なぜなら、多細胞生物は生殖細胞という形で、かならず単細胞に戻るからである。

それなら細胞は自己規定をするのであろうか。ミトコンドリアのような細胞内小器官が共生生物であることを思うと、細胞の世界では排除の原理は少なくとも基本的ではないはずである。さらにまた、多くの細胞は実験的に融合させることができる。細胞を融合させるときには、ウィルスのような特別な媒体を使うのがいまでは普通だが、古典的には発生期の筋細胞で、異種間の細胞の融合が単純に生じることが示されている。

❦横紋筋細胞《おうもんきん》は、発生期に筋芽《きんが》細胞が融合して生じた、多核の巨大細胞である。発生期にいずれ横紋筋細胞になるべき細胞を筋芽細胞というが、これを適当な条件の培養下におくと、特定の時期に自然に細胞間の融合が生じて、横紋筋細胞となる。このときに、たとえばマウスとニワトリの筋芽細胞を混ぜて培養しておくと、種の相違を無視して細胞同士が融合する。すなわち横紋筋細胞のキメラが生じる。この細胞では一部の核はマウス由来であり、他の核はニワトリ由来である。

細胞の進化におけるもっとも基本的な部分で共生が生じているにもかかわらず、その後の多細胞形態では、排除の原理が強くなってくる。これはどういうことであろうか。

多細胞形態は、単細胞に比較して、おそらく「個である程度」が弱い。したがって個を成立させるためには、排除の原理を強くしていった。そうした説明は不可能ではない。しかしこれは、説明としてはきわめて弱い。ここにはなにか、細胞が組織化されて生じた多細胞生物の個体というもの、その成立に関わる、もっと深い原理が存在している可能性を疑うべきであろう。

多細胞生物は、受精卵という単細胞から始まる発生過程を経過する。ただし植物の場合には、どの細胞からでも植物体が生じうることが示されている。ともあれこうした発生過程では、しばしば細胞死が起こる。近年ではこれをアポトーシスと呼ぶ。これが一面では

ミトコンドリア mitochondrion/mitochondria：細胞質に存在する細胞内小器官。酸素を消費して有機物を酸化、ＡＴＰを産生するなど、細胞のエネルギー代謝の中心をなす。独自のＤＮＡと遺伝暗号を持つことから、その起源は、好気性細菌が原始真核細胞に細胞内共生したものと考えられている。

アポトーシス apoptosis：遺伝子によってあらかじめプログラムされた細胞死。発生や老化など、細胞の基本的機能に深く関わっている現象で、古くなって不要になった細胞は、自発的に細胞死を選択することで新たな細胞に取って替わられる。また、ＤＮＡが損傷され修復不可能な細胞、ガン細胞やウィルスに感染した細胞など、有害な細胞を除去するはたらきを持つ。

排除であることは、いうまでもない。われわれの指が発生するときには、指のあいだの皮膚細胞が死ぬ、すなわち排除される。それによって各指がいわば「独立する」のである。内耳は一般にはあまり知られていないが、形態的に興味深いのは、内耳の発生である。内耳は蝸牛《かぎゅう》と半規管からなる、たいへんややこしい形態を示す。しかし発生を遡ると、この内耳は単純な球形の袋に行き着くのである。ゴム毬のようなものが、蝸牛と三つの半規管という複雑な形になるためには、いくつかの部位で細胞が死ななければならない。こうした複雑な細胞死が、いったいどのように統御されているのかを思うと、言い古されたことだが、生物の構成のみごとさを思う。

神経細胞もまた発生過程で間引かれる。細胞死は神経細胞の発生過程では、典型的に生じるできごとの一つである。日に十万個の神経細胞が死ぬという説が流布しており、それで心配する人がある。じつはこうした数は問題ではない。毎日十万なら、百年にいくつになるか、数えてみればわかる。それに対して、ヒト個体の持つ神経細胞の数は、大脳皮質のみで千億の桁に達するといわれるからである。

いずれにせよ、発生期におけるこうした細胞死という排除の過程が、生物の形態の成立と深く絡むことは興味深い。つまり個体とその形態を創造する原理は、ともあれ排除であると思われるからである。

遺伝子系・発生過程・脳

発生過程における排除の原理は、じつは細胞ではなく、ゲノム自体のなかに現われる。それを思えば、排除はやはり情報系の原理であって、実体としての細胞や個体の原理ではないように思われる。

われわれの遺伝子は、周知のように両親から二十三の染色体の一組ずつを受け取って生じる。ここに含まれる遺伝子は約四万とされるので、遺伝子の組み合わせは莫大なものとなる。通常の血液型にはA、B、Oの三種類がある。これはそれぞれ同一座位の遺伝子、つまり同じ遺伝子の変異に相当する。数万の各遺伝子について、こうした三種類、あるいはそれ以上の数のさまざまな遺伝子が存在する。したがって数万個の遺伝子に関する順列組み合わせは、莫大な数になる。それがヒトという種内の遺伝的多様性の由来である。

ところがこうした組み合わせは、すべてが生き延びうる成体を保証するはずがない。遺伝子の組み合わせによっては、致死的であることが知られるからである。古くから致死遺伝子と呼ばれたものはその一例である。同一座位の遺伝子について、たとえばヒトの例であれば、鎌状貧血の遺伝子が二つそろうと、その子どもは重度の貧血で死亡するとされた。

これが同一座位の遺伝子でなくとも起こりうることは、論理的に明らかであろう。たがいに折り合いが悪い遺伝子というのが、あるはずなのである。そうした折り合いの悪さは、とくに発生という複雑な過程のなかで、明瞭に発現するはずである。つまり遺伝子の組み合わせが悪いと、発生が進行しなくなることが予測される。

現代の発生生物学の考え方からすれば、発生過程では、遺伝子は順次活性化され、また不活性化される。それが空間的なパターンをもって生じ、複雑な形態が最終的に実現されるはずである。それだけ複雑なものを作り出す過程は、ある意味できわめて厳密に統御されているはずである。その過程で間違いが起これば、成体が生じない。成体が生じなければ、子孫は生まれない。つまりゲノムとは、そうした発生過程を無事に進行させうるように「たがいに適応した遺伝子の集団」である。じつはこの過程が真の自然選択過程だと私は考えている。自然選択について、一般に考えられている環境による選択とは、そのあとに存在するかもしれないし、しないかもしれない、その程度の淘汰に過ぎないと思われる。

発生過程を無事に進行させるために「たがいに適応した遺伝子集団」は、間違いなくある種の遺伝子を結果的に排除する。そう思えば、遺伝子系における排除の過程は、おのずから説明されることになる。それはゲノムすなわち種、個体すなわち発生過程の、論理的必然として生じるからである。

社会における排除もまた、ゲノムの場合と類比的な過程で成立したものに違いない。遺伝子系における発生過程に相当するものが、脳という情報系では、共通了解可能性になっている。たがいに了解可能性を持たない脳は、しばしば種を分けてしまうに違いないからである。前章で議論したのは、そのことである。

❦ただしヒヒでは野生状態で種間の雑種が生じ、その雑種が群を作るという。もっともそうした行動を誘発するのが、遺伝子であるか脳であるか、その詳細は調べられていないはずである。つまり一つの可能性は、種間の相違とされたものが、実際にはそうではなかったということである。それならこの例は遺伝子系の問題となる。もう一つの解釈は、ヒヒの生殖行動が神経系の可塑性のために生じたというものである。それなら問題は脳に帰着することになる。

脳の可塑性が高くなると、ゲノムと脳のあいだに、この種の相互干渉が発生することが予測される。ゲノムが分けたものを、脳が混ぜてしまう。これは二つの情報系の具体的な相互干渉の事例となる。こうした相互干渉が存在しうることが、社会のような高次のシステムにおける排除の原理を見にくくしていることは、十分に考えられることである。昆虫の場合には、こうした脳の変化は種分化を引き起こす。それが昆虫の種の多様性を生み出したという可能性はすでに論じた。

十九世紀の生物学思想がダーウィンとメンデルに代表され、それがいずれも統計的な側面を扱っていることは、偶然ではないであろう。とくにダーウィンの場合には、熱力学、統計力学に先立って、数学を用いずに「統計的に」立論したのである。現代の複雑系の議論が、非平衡系における自己組織化であることを思えば、ダーウィンの先見性がよくわかるであろう。物理化学がダーウィンの主題に出会うまでには、いったん閉鎖系の熱力学を完成し、そのあとに開放系の熱力学が考慮される時期、すなわち現代まで待たなくてはならなかった。

そうした過程を追究する論理のなかで、おそらく必然としての排除の理論が生じるはずである。そこに至るまでは、なぜ情報系には排除の論理が伴うのかという疑問は、最終的には棚上げするしかあるまい。排除の論理を知るためには、自己組織化の理論を知る必要があるといってもいい。もっともこれも、論理としては自己言及の矛盾に陥る可能性がある。排除とは要するに自己規定から生じるものであり、ゲノムにせよ、脳にせよ、自己規定がその中心に置かれていることは間違いないからである。

第10章 ヒト身体の進化

ヒトの身体的特徴

直立二足歩行と脳の拡大、それがヒト身体の進化的特徴であることはよく知られている。直立二足歩行はすでにオーストラロピテクスの時代に生じたことを、化石の記録は示している。直接の証明はオーストラロピテクス・アファーレンシス、通称をルーシーという化石による。この化石の発見物語はいくつかの単行書に記録されているので、再録する必要はないと思う。重要なことは、この化石がかなり完全に近く、四肢とくに下肢の骨を含んでいたことである。この下肢の状態から、直立二足歩行が推定された。

もう一つは、タンザニアのラエトリから発見された足跡の化石である。これは三体のもので、親子と子どもの足跡ではないかと推定されている。いずれも時代的には三百万年以上前のものである。推定方法によってやや異なるが、チンパンジーとヒトが共通祖先から分岐したのは七百万年前とされるので、直立二足歩行の起源は共通分岐から現在に至るまでの前半の時期と見なされる。森林から出た直後から、ヒトは二足歩行だったと、研究者は暗黙のうちに見なしているようである。

これに対して、脳の拡大は直立二足歩行に遅れる。オーストラロピテクスの脳容量は平均約四五〇立方センチ、これは現生のゴリラ、チンパンジー、オランウータンとほぼ等しい。そのあとホモ・ハビリス段階では八〇〇、ホモ・エレクトゥスすなわち北京原人やジャワ原人の段階で約一〇〇〇、現代人で平均一三五〇となる。ネアンデルタール人についてはやや大きめの値を採用する学者が多く、その場合には一五〇〇とされる。このことから、脳の拡大は二足歩行に遅れて生じたとする考えが有力である。したがって二足歩行の結果脳の拡大が生じたという因果関係を考える説が当然生じた。しかしそこに確たる根拠はない。時間的な前後関係があるのみである。

直立二足歩行とはそもそもどう定義すべきであろうか。肉食恐竜、カンガルー、多くの地上性鳥類は、二足歩行ないしそれに近い歩行をする。ヒトの直立二足歩行は、それとどう異なっているのか。ヒトの進化について長年講義をしているのに、学生からその質問を受けたことがない。おそらく訊ねてはいけないと思っているか、まったく想像力ないし連想が働かないのであろう。

ヒトの二足歩行の特徴の第一は、下肢の上に直接に頭が載ることである。これが哺乳類のなかで特殊であることは、単純なマンガを描けば歴然としている。四足歩行をする哺乳類のマンガでは、前肢と首とを地面に直交する一直線として描いていいからである。恐竜と鳥は恐竜類としてまとめられ、この二つの群では、歩行もおそらく類似すると思われる。この場合、下肢はむしろ大きな胴体を支えるものであり、その胴体に小さな頭が付属している。この頭が、胴体に対して独特の動きをすることは、ニワトリをみれば明らかであろう。もちろん進化的にも、ヒトの二足歩行と鳥を含む恐竜類の二足歩行は、たがいに独立に生じたものである。

下肢の上に頭が載ることは、神経系の大きな変換を伴ったはずである。なぜなら、四足歩行する哺乳類の場合、前肢の躓きは、ただちに視界の変化と平衡器への入力を生じるはずだからである。したがって前肢の運動は、こうした動物では、脳によって相当程度に統御されているに違いない。ところが下肢の躓きであれば頭に直接の影響が生じることはない。要するに四足歩行の動物では、脳は前肢の面倒をみていたのである。

ヒトの場合には、それとはまったく逆に、下肢の躓きがそのまま脳に対する入力となる。つまり脳は下肢の面倒をみるように変わったといえる。ヒトの上肢は、そうしたフィードバック関係から独立してしまっている。上肢がロコモーション、すなわち位置移動に使われることは、幼児期以外にはないからである。

こうした変化を準備したのは、樹上生活だと考えられる。樹上での位置移動は、平地を四足歩行する場合と違って、四肢と頭部の感覚器との関係がきわめて複雑化する。哺乳類のなかで、まったく異質であるが、ヒトの状況とある意味で類比的な変化を生じたのは、コウモリである。ヒトは直立するが、コウモリは逆立ちする。コウモリは生涯の時間の八割を逆立ちして暮らすという。コウモリの起源は明らかではないが、私は祖先型のコウモリは、同じく樹上生活者だったのではないかと疑っている。上の枝にぶら下がり、下の枝に咲いた花蜜や、花に集まる昆虫を捕食していたと仮定すると、なぜ羽が生じたかという筋書きがわかりやすいからである。こうした羽は、初期にはかならずしも飛行に耐えなくてよかったはずである。落下の緩衝器として機能すれば十分だったであろう。また系統的には、翼手類は霊長類と同じく、食虫類から直接に起源したと見なされている。とすれば、食虫類型の祖先の動物から樹上生活に移った系統が二つあり、一つが霊長類に、もう一つが翼手類に分化したと考えられる。

さらにコウモリの脳のきわめて興味深い特徴は、体性知覚野と一次運動野における身体の割り付け配置が、他の動物に見られるものとは、上下が逆転していることである。ヒトの脳の割り付けでは、頭頂葉の上部が足に相当し、以下順次、下に行くほど頭に近づいていく。コウモリでは、それが逆転しているというのである。コウモリが逆立ちした最初の要因が脳にあるか、行動にあるか、それはわからない。

コウモリの例が示唆することは、こうした大きな体位の変化は、脳機能の変化と対応しなければならないということである。そう思えば、ヒトにおける直立二足歩行と脳の拡大とは、かならずしも無縁でない可能性が考えられる。そこを具体的に論じるためには、まだヒトの脳の解析は不十分だというしかない。

直立二足歩行の意味

ヒト特有の二足歩行は、なぜ生じたのか。これにはさまざまな見方がある。いちばん奇妙な意見は、ヒトは一時水辺に住み、水に浸かって暮らしていたというものである。これはもともと英国の人類学者がダイヴァーのクラブで講演する機会に思いついた話だが、話が面白いので、最近でも丁寧に論じる人がある。この話は手塚治虫のマンガにも引用されている。こういう議論をするのはイギリス人で、一見無関係と思われる事実を集めて、とんでもない仮説を提唱するのは、ダーウィン以来、イギリス人の得意技である。ただしそれに本当に成功したのは、ダーウィンだけかもしれない。

古生態学的には、アフリカの大地溝帯の東が乾燥して、熱帯雨林がサヴァンナ化し、そこで大地に下りた類人猿がヒトに進化したとされている。大地溝帯の西側は相変らず熱帯雨林であり、そこには系統的にヒトにもっとも近縁なチンパンジーとボノボ、さらにゴリラがいまだに住んでいる。そうしたことから、直立二足歩行の意義は、まずサヴァンナにおける直立二足歩行には、どのような利益があるかという点に集中した。近年の考え方では、直立による身体への直接の日照の減少が注目されている。四足歩行では、動物は背面全体に日照を受ける。平たくいうなら、それでは暑くてやりきれない。実際にはサヴァンナの捕食性動物であるライオンは、日中は狩りをしない。ネコ科の動物は温度調節が上手ではないからである。端的にいうなら、汗をかくこともできない。

直立二足歩行をすると、直接に日照を受けるのは、頭の天辺だけになる。そこに帽子のかわりに毛を生やし、後に述べるように全身に汗腺を準備する。こうして暑さに耐えられるようにしたのだというのである。地面に平行に長く伸びた胴体全体に日照を受けることと、頭の天辺だけに日照を受けること、両者の比を計ってみれば、たしかに直立で日照が減ることは一目瞭然である。とくに熱帯では、太陽がほとんど真上から照射することを考えればわかる。

こうした見方では、主な論点は二つある。一つはむろん全身への日照を減らすという点だが、もう一つは、とくにヒトで大きくなった脳からの放熱である。脳はかなり多くのエネルギーを消費する器官で、そこからの放熱は馬鹿にならない。

脳からの放熱については、他の哺乳動物でも、脳血管の解剖・生理学で以前から問題とされてきた。たとえば鼻腔の周辺に見られる副鼻腔が、その種の機能を果たすという議論がある。もともと副鼻腔は、その存在意義が明確ではない。副鼻腔とは空気を含んだ骨の腔で、小さな開口部で鼻腔に開く。副鼻腔は前頭洞《ぜんとうどう》、篩骨洞《しこつどう》、上顎洞《じょうがくどう》、蝶形骨洞《ちょうけいこつどう》などと呼ばれ、いずれも同名の骨の内部に存在している。これが頭蓋底をいわば取り巻くように分布していることから、放熱を助けるという仮説が生じたらしい。ただし副鼻腔に当てられた機能を整理すると十三にのぼるという論文があり、ということは、そこには決定的な説も証明もないということである。

血管系については、たとえばネコに見られる内頸動脈の特殊な形態すなわち怪網《かいもう》が、脳の放熱と関連するという議論が以前からある。ヒトの場合には、頭蓋冠を通る静脈の数がヒトの進化過程でしだいに増加するという最近のデータがある。これがなにを意味するか、以下に説明しよう。

頭蓋は頭蓋底と頭蓋冠に大きく分けられる。頭蓋底は、脳を入れる箱である頭蓋の、いわば床に相当する部分である。頭蓋冠は、脳の周囲と上面を覆うドームに相当する。この頭蓋冠を出入りする血管はほとんどない。つまり脳への血流は、動脈も静脈も、つまり血流でいうなら行きも帰りも、頭蓋底を貫く血管によって維持されている。ただ一部の細い静脈だけが、頭蓋冠を通って外に出る。つまり頭蓋冠を覆う皮膚の皮下組織に出るのである。これが脳からの放熱を助けるように働くのではないかという。つまり熱くなった血液を皮下に送って、外気で冷却するわけである。この筋書きは副鼻腔での議論に類似している。そうした静脈が、ヒトの進化の過程、すなわち脳の拡大とともに増加する。こうして脳からの放熱を助けるとする。静脈の数の増加は、頭蓋冠に開いた穴の数の増加として、化石でも具体的にわかる。この場合、この放熱機構自体は、もちろん直立二足歩行とは関係がない。

歩行について

直立二足歩行についての仮説は、これだけではない。立ち上がることによって、視界が開けることを重視する素朴な見方もある。実際にスナネズミなどの砂漠に住む多くの齧歯類が、しばしば後足で立つ行動を示すことは、周知の事実である。

さらに自己の視界を増すだけではない。立体視をする動物は少ないので、ヒトが直立して、たとえば捕食者と対面すると、捕食者はヒトの背丈から後方の大きさを想定する。そうした想定からすると、ヒトはかなり大型の動物に見えるというのである。つまり直立するのは、相手を脅し、身を守るためだという。

❦アフリカのある種族の首長は、ヒトが直立したときに見渡せる範囲が、ヒトが一日に歩ける範囲だと述べたという。それを聞いたある大学教授が、ヒトには背の高い人も低い人もいるでしょうと反論した。すると首長は、大学教授のくせにそんなこともわからないのかと、ただちに反論したという。背の高い人は、それだけ足が長い。ゆえに遠くまで歩くことができるのだ、と。

こうして直立二足歩行とそれに関連した事実については、じつにさまざまな仮説が提示されている。しかし実験的に証明される限りでは、ヒトの直立二足歩行は長時間の移動に有利だというのが、歩行運動を調べる研究者たちの定説となっている。直観的な説明をするなら、ヒトは倒れそうになるから、次の一歩を踏み出して歩くというのである。もし四足歩行であると、体重のすべてを四足に載せて移動しなくてはならない。四足は体重をいわば律儀に運ぶことになる。それに比べて、ヒトの歩行がエネルギー的に能率がいいことは、坂道を駆け下りることを考えればわかりやすい。

実際にわれわれの祖先がきわめて長距離を歩いたのではないかということは、アフリカ起源のはずの人類が、アジアから南北アメリカ大陸まで広がったことを思えばわかる。とくにベーリング海峡を渡ったとされるモンゴロイドが、南米最南端のティエラ・デル・フエゴ島に到達するまで、おそらく二万年を超えていない。

もちろん直立二足歩行の起源が、遠くまでエネルギーを節約して歩くためだったとはいえない。長距離を歩くのに適応したのは、他の事情があったからかも知れないからである。古くから示唆されている説明は、二足歩行をすれば手が空くということである。その手に食料その他を持って移動することができるようになったとすれば、狩猟採取生活には有利である。さらにそうした移動の基礎になったのは、一時的であれ、家族が特定のベースキャンプに落ち着き、そこに食料を運ぶという生活である。

さらにこうした生活が、右利きあるいは言語が左脳に位置する原因となったという仮説もある。ヒトの赤ん坊は、霊長類のなかでは例外的に、出生後の運動能力がない。とくに母親の毛に自分でしっかりとつかまって、母親とともに移動するという、典型的な霊長類型の行動ができない。そこにはさらに、母親自体に子どもがつかまるための長い体毛が欠けてしまっているという事情がある。

ゆえに母親は子どもを片手で抱く。その場合、心臓が左にあるために、子どもは左側に抱くのが有利と考えられる。なぜなら、左胸に頭を接した赤ん坊には、母親の心音が聞こえる。母親の心音を聞くと、赤ん坊がおとなしいということは、周知の事実である。実際に多くの母親が自然に子どもを左手で抱いていることは、さまざまな証拠がある。聖母子の図像では、七割において、聖母がキリストを左手で抱いているという。

左手で子どもを抱くとしても、母親は同時にさまざまな行動をしなくてはならない。そうした行動を行うのは、どうしても右手が優位になるはずである。それなら、左脳に複雑な協調運動の中枢が来ることは、合理性が高いと見なされるのである。したがって、こうした運動については、左脳優位が選択されてきたと考える。

直立二足歩行はヒトに特有の行動であるため、これをめぐって、直接間接にさまざまな議論が生じることは、右のような例からもうかがわれるであろう。丁寧に紹介すれば、際限がないのである。

皮膚の変化

ヒトの身体を特徴づけるのは、さらに皮膚の変化である。皮膚については、毛足が短くなったこと、汗腺が毛とは独立に皮膚に開くようになったこと、さらにふつうの体毛とは異なった感覚性の洞毛がまったく消失したこと、この三点がきわめて特徴的である。

ほとんどの哺乳類は、ヒトのような水分の多い汗をかかない。ウマは汗を流すが、ウマの汗腺はアポクリン汗腺である。じつは汗腺にはアポクリン汗腺とエクリン汗腺の二種がある。アポクリン汗腺は毛穴に開口するが、エクリン汗腺はふつうの皮膚表面に開口する。一般の哺乳類では、エクリン汗腺は手のひらや足の裏のような、毛のない部分に見られるだけである。ところがヒトでは、そのエクリン汗腺が皮膚全体に広がっている。他方ヒトのアポクリン汗腺は、腋の下など、特殊な部位に存在するのみである。

エクリン汗腺は水分を多く分泌し、アポクリン汗腺は脂質やタンパクのような、おそらく匂い物質を分泌する。ここで常識として知っておくべきことは、毛と汗腺と皮脂腺は三位一体の構造だということである。発生期には、単一の原基から、この三つの構造が生じてくる。またわれわれが毛と呼んでいる構造は、ある意味では腺の分泌物である。ただしこの分泌物は堅いタンパクで、それがつながっているために、分泌はされるが、身体から離れていかないのである。この毛という分泌物が少なくなること、アポクリン汗腺が退化すること、さらにエクリン汗腺が毛から独立して広がることが、ヒトの皮膚を特徴づけている。

こうした毛の変化に関わる遺伝子が、ひょっとすると脳の拡大に関わる遺伝子と関係している可能性がある。それを示唆するのは、さらにヒトでは洞毛《どうもう》を欠くという事実である。この洞毛はネコやネズミでおなじみのあのヒゲである。この洞毛を完全に欠くのは、私の知る限りでは、哺乳類ではヒトだけである。この洞毛は神経と関係が深い。ヒトがこれを欠くのは、おそらく発生期の神経冠と呼ばれる細胞群の行動と関係している。この神経冠は、末梢の脊髄神経節や自律神経節、神経細胞の軸索突起《じくさく》を取り巻くシュワン細胞などに分化する。この細胞群が洞毛の発生に関係しているというのは、私の仮説である。この辺りの議論の詳細については、すでに何度か論じたことがあるので、それを参照されたい（たとえば『ヒトの見方』、筑摩書房）。

発生期に外胚葉と呼ばれる細胞群は、さらに発生が進むと、脳、神経冠、皮膚に分化する。外胚葉は一枚の膜と考えていいが、その膜の中心部が中枢神経系に、その周囲を取り巻く部分が神経冠に、さらにその外側が皮膚に分化する。そうしたことを考えると、ヒトでは脳がとくに拡大するだけではなく、外胚葉全体になんらかの変化を来していることがわかる。外胚葉の分化に関係する遺伝子に、ヒトではなんらかの変化が起こったとすれば、ヒトの示す身体的特徴の基本的な部分が、いわば統一的に説明できるのである。

現在のヒト遺伝子の解析の進行を思えば、こうした仮説がより具体的に見えてくる時期はそう遠くないはずである。多くの科学者は仮説を嫌うが、仮説を置かなければ、なにを調べていいか、その方向性がわからない。仮説が正しいか、そうでないかを検定するために、観察と実験がある。仮説を過度に嫌うと、なにも考えずに観察と実験をすることになる。科学者の生活は、いまでは実際にそうなっているのではないかと、年中疑う。とくに実験というのは忙しいので、しばしば考えている暇がなくなるのである。

第11章　男と女

らである。

男と女はなぜ厄介か

ヒトの特徴を論じる際に、男女という性の問題を省略するわけにはいかない。そこにもチンパンジーのように近縁の動物とは異なった、ヒトとしての特徴がはっきり現われるからである。

ところが性という主題は、ヒトの特徴に関わる生物学の問題であると同時に、ヒト社会の日常の問題でもある。ふつうヒトの日常を生物学で考えることはしない。日常的な問題を科学の文脈で語るのは、しばしば異様な感じを与える。じつはそれは、日常がまさに日常であるからこそ生じた偏見というしかない。

たとえばヒトの性について、生物学の側から、近年つぎのような疑問が提出されている。

1 ヒトに特定の繁殖期がないのはなぜか、つまりなぜいつでも発情期にあるのか。

2 またそれと関係して、女性の排卵期を示す外部的特徴が発現しないのはなぜか。ヒトでは、当の女性本人ですら、自分の妊娠可能な時期を知らない。

3 一般に性行為が隠されるのはなぜか。

4 なぜ閉経期が存在するのか。男性になぜ閉経に相当する時期がないのか。

さらに細かい形質的な特徴として、ゴリラ、チンパンジー、オランウータンを含む類人猿と比較して、ヒト男性の陰茎が大きいのはなぜか、という疑問もある。

もちろん右の疑問のうち、排卵が隠されるのは、ヒトだけではない。さらにクジラのように、閉経期が正常に存在すると思われる哺乳類もある。しかし生殖に関するヒトの行動が、類縁の動物と比較して、さまざまな点でやや特異であることははっきりしている。

これらの問題はいずれも、動物でいえば、どのような繁殖行動をとるかに関係している。動物行動学、社会生物学では、これを生殖戦略と表現することが多い。生殖戦略の基本をなしているのは、いかに自分の遺伝子を効率よく子孫に残すかということである。

❦右のような疑問は、古典的な生物学ではあまり扱われて来なかった。それは暗黙のうちに動物とヒトのあいだに線を引く人間至上主義、言い換えればヒト特殊論が支配していたからであろう。ヒトと動物の行動を、両者に共通の基礎から考えることは、一般社会ではいまだに常識とはなっていない。社会生物学ではそれを、遺伝子の生き残り戦略という見方で統一的に論じるようになった。そうした説明が成功する場合もあるし、どうかと思われる場合もある。しかし性の問題を生物学の領域で取り扱えるようにした功績は、間違いなく遺伝子の生存戦略という視点を提示した社会生物学にある。

性行為の隠蔽などは、社会的にはあまりにも当然と考えられている。それを背景として、猥褻問題が社会に絶えず浮上することになる。しかしわが国では、出版に関する猥褻の取り締まりは、江戸期の最初の出版統制に始まる。ということは、おそらくそれ以前には、猥褻という社会的な概念自体がなかったかもしれないことを示唆している。性は生老病死と同じく、ヒトに与えられたもの、すなわち自然である。それを公にしないことをわれわれは文明と呼ぶ。その意味で性の隠蔽は脳の問題であるが、その背景に生物学の問題が隠れている可能性はむろんある。それがなにか、それは今度は社会生物学の問題となる。英語ではセックスと表現される自然の性と、ジェンダーと表現される社会的性を区別する。こうした一般的な言語表現にも、生物学的であり社会的であるという、性の二重性が表現されている。いわゆるフェミニズムは、基本的にはジェンダーを扱うものである。

性の取り扱いに二重性が生じる理由は、すでに述べた情報系の二重性にある。すなわち自然の性は遺伝子という情報系に直接関わるが、社会的性は脳という情報系に関わるからである。擬態や性淘汰の例を引いて述べたように、遺伝子系と神経系という二つの情報系がともに関わる問題では、議論がかならず錯綜してしまう。性はその典型である。自然の性は遺伝子の保存に直接に関わっており、社会的な性は脳が認識し、統制しようとする身体である。その両者についての基本原則が、はじめから一致しているという保証はない。

性はなぜあるか

純粋な生物学の問題として考えたとき、なぜ生物に性があり、さらに性差があるかという問題は、きわめて複雑であり、議論がまとまらない。現在の常識として、性の存在理由とは、遺伝子の組み合わせを絶えず変更することによって、個体間の多様性を保つことにあるとされる。
細菌や酵母のような単細胞生物は周知のように分裂で増殖する。しかしこうした場合でも、個体間の遺伝子の交換が生じることが知られている。ただし固定した性を持つわけではなく、交換相手との関係で性が決まるといってもいい。多細胞生物でも、クマムシと呼ばれる動物のように、凍ったものを解凍すればそのままもとに戻り、乾燥したものを水に浸ければ生き返るような場合には、わざわざ有性生殖という面倒なやり方をしない。しかしこうした動物は特殊な例と見る人が多いであろう。

❦たとえば昆虫では、同じ種が地域によって単為生殖をする場合と両性生殖をする場合がある。その理由はしばしば明確ではない。この場合には、性の有無自体が、すでに多様性の要素として組み込まれていると考えるしかない。つまり性を持つほうが有利な状況と、持たないほうが有利な状況があると考えられるのである。

わが国の事例では、甲虫類の一部、カミキリムシやゾウムシに、中国大陸や東南アジアを分布の主体とするものがある。この場合、日本列島はその種の分布の辺縁にあたる。こうしたグループでは、しばしば日本国内では単為生殖が確認されることがある。この理由もよくわかっていない。

また形態的な性差については、じつにさまざまな問題が生じる。男女差は日常でも絶えずること。

ず話題にされる。しかしここにはすでに論理的な問題が内在している。ある器官に形態的な性差があるかどうかという問題を考えてみよう。ただちにわかることは、「ある」とはいえるが、「ない」とはいえないということである。なぜなら、特定の器官に性差が「ない」ことを示すためには、その器官の示すあらゆる特徴を網羅し、枚挙しなくてはならないからである。つまり性差が「ある」ことをいうためには、さまざまな形質を順次調べていき、一つでも性差が見つかったところで、調査をやめることができる。ところが「性差がない」ことを確認するためには、どこまでも調べ続けなくてはならないのである。こういう単純な論理に気づかない人が多い。実際に解剖学の論文でも、これに気づかないで性差を調べているものがある。当然だが、調査したすべての対象について、著者は性差を発見している。そうでなければ、仕事が終わらないはずなのである。

また形態的な性差について、一般に考えられているより、動物間の違いは大きい。性差が大きいのではない。性差の形態的な示され方が、近縁の種間でもかなり違うのである。たとえば同じ哺乳類でも、前立腺はさまざまな状況を示す。ヒトの場合と異なって、雌雄ともに前立腺をもつ種も多い。さらにウサギ類や齧歯類では、雌が前立腺相当の腺を持つ場合と、持たない場合がある。

同じ腺でも、雌雄が明確な違いを示すことも多い。多くの哺乳類の唾液腺、とくに顎下《がくか》腺《せん》はその好例である。実験動物であるマウスでは、雄の顎下腺は神経成長因子を大量に含んでいるが、雌にはそれがない。他方同じように実験動物として用いられるラットでは、神経成長因子はほとんど認められない。こうしたさまざまな腺に認められる性差を追うと、性差は至るところに出現することがわかる。しかも動物間の違いそのものが著しい。

性差が形態に表れるのは、主として性ホルモンの作用である。発生期に性ホルモン、とくに男性ホルモンに曝された場合、その器官がホルモン受容体を持っていれば、発育状況が異なってくる。のちに述べるように、外部生殖器はその典型である。胎生の初期には、まったく同じ外観を示していた外部生殖器が、最終的には雌雄男女という、ずいぶん異なった形態を示す結果となる。これはもっぱら男性ホルモンの作用と見なされる。なぜ女性ホルモンではなく、男性ホルモンが重要であるかは、のちに論じることと関係している。簡単にいえば、哺乳類の場合には、雌が基本型ではないかと見られるからである。雄の形質は、雌の形質を変更することによって作られると考えられるのである。

❖さまざまな器官に認められる微妙な性の形態差に、いちいち機能的な意味が付けられるという保証はない。それは右のような哺乳類の形態を調べて得た実感である。ということは、最初に挙げたヒトの生殖行動における特異性も、特段の機能的意味を持たない可能性もないではないということである。つまりたとえば雄マウスの顎下腺に神経成長因子が存在するということには、「偶然」という意味しかないという可能性がある。もちろんそう思ってしまえば、顎下腺の性差について、その意義を探究する研究はしなくなる。その場合、もしこの性差に重要な意義がある場合には、それを見落とすことにもなる。この辺りが、具体的な研究をする場合のむずかしい点である。ある形質に機能的に重要な意義があるかないか、それを判断する直観が、じつは研究者としての良否を決めるのかもしれない。

性はどのように決定されるか

性がなぜあるか、それが遺伝子の生き残りとどう関わるか、これは性の系統発生の問題である。その議論にとっては中立的な話題として、ヒトの個体発生における性の成立を以下に説明する。そこがわからないと、性の問題を議論する重要な基礎が欠けてしまうからである。

発生における性決定には、いくつかの独立した段階がある。したがって性は発生過程で順次決まっていくのであって、あらかじめ確実に二分され、決められているものではない。簡単にいえば、まず染色体、続いて性腺（生殖腺）、さらに内外の生殖器、最後に脳である。この四段階のそれぞれに、それ以前の段階と異なる決定が行われることがある。そのため自然の性は、一般に考えられているより、二分しにくいものである。自然に境界はない。私はそう考えている。

1 染色体による性決定

染色体による性決定は、受精の際の精子の種類に依存している。それを理解するためには、まず性染色体について理解する必要がある。

ヒトを含む哺乳類は、性染色体についてXY型である。つまり性染色体の構成は、男性ではXY、女性ではXXとなっている。ただし爬虫類と鳥類は逆で、これをZW型という。つまり雄が哺乳類の雌と同じように、対となる性染色体が等しく、ZZ型となり、雌が哺乳類の雄と同じく不等の染色体が対をなし、ZW型となる。XYとZWという別な記号を使う理由は、こうした雄へテロ、雌へテロという状態を明確に示すためである。

減数分裂で染色体が半減すると、X染色体とY染色体が別々の精子に入ることになる。したがって哺乳類の精子には、X精子とY精子の二種類が存在することになる。他方、卵子はX卵子のみである。ZW型では逆になる。したがって受精の際に、X精子の受精では女が、Y精子の受精で男が生まれることになる。男女の生み分けの原理はこれである。なんらかの方法を用いて、X精子とY精子を分離し、それを用いて人工授精を行えばよい。こうした技術は、家畜では日常的に利用されている。

受精卵の性染色体の型が、XY、XXのいずれにもならない場合がある。Y染色体は小さく、多くの機能を持たないと考えられる。したがってYが欠け、X一本のみの場合、すなわちXO型は生存可能である。この場合には特定の身体的特徴を示す個体が生じる。これをターナー症候群という。外見的には女性型を示す。またXXY型の場合にも独特の特徴が現われ、これを医学ではクライネフェルター症候群と呼ぶ。これ以外にも性染色体の多重化が知られている。どのような場合であっても、Yがある場合には、外見上はいちおう男性に分類される身体的特徴を表す。

当然のことだが、X染色体は両性に存在する。そこに留意されたい。しかも女性の場合、二本のX染色体のどちらかが、発生の特定の時期に不活性化されると考えられる。ということは、性差はじつはX染色体には依存しないということである。つまり男女共に、X染色体は一つだけが働いている。不活性化したX染色体は、体細胞で形態的に認められる。これをバー小体という。最初にネコの神経細胞で発見されたもので、発見者の名前をつけてこう呼ぶ。バー小体は核膜に付着するヘテロクロマチンの塊として観察される。

女性の二本のX染色体は、一方が精子すなわち父親由来、他方が卵子すなわち母親由来である。X染色体が不活性化されるのは、ランダムな過程と考えられる。ということは、発生過程でX染色体の不活性化が生じる時期に存在した細胞では、父方、母方のいずれかの染色体が活性で残るということである。両親由来の二本のX染色体は、同一座位の遺伝子に関してまったく等しいとはいえない。ということは、どちらのX染色体が不活性化されるかによって、女性の場合には、遺伝的にわずかに異なった、二種類の細胞が存在する可能性があるということである。

2　性腺による性決定

受精によって性が決定しても、発生の段階で、身体的に性差が発現するのは胎生七週である。この段階に至ると、性腺に男女の別が生じる。性腺とは、男性では精巣、女性では卵巣である。両者は同じ原基が発生期に異なる分化を遂げたものである。すなわち性腺の原基は、胎生七週までは性差を表さない。七週に入ると、精巣が分化する。さらに十三週には卵巣が卵巣としての分化を始める。

精巣は正式の解剖学用語であるが、臨床医学を含めて、睾丸という用語も慣用される。同一原基から生じる器官であるから、精巣と卵巣という対をなす表現が論理的である。しかし睾丸という慣用も捨てられていない。解剖学では起源関係、すなわち相同関係を重視する。それなら用語は卵巣と精巣がよいが、臨床では実際的な違いが重視される。それなら卵巣と睾丸のほうが通りがいい。

このことは睾丸の状態とも関係していると思われる。一般には精巣と卵巣が同じ器官が変化したものとは思いにくい。なぜなら精巣はまさに睾丸として外に現われるが、卵巣は外部から認められないからである。これはヒトでは胎生のやや後期に精巣下降が起こって、精巣が陰嚢内まで下降するためである。卵巣ではこうした下降が起こらない。それだけではなく、哺乳類でもグループによって精巣下降の起こる程度は異なっている。クジラやゾウでは精巣下降は起こらない。したがってこの種の動物では、精巣と卵巣の位置は同じで、ともに腹腔内にある。また齧歯類、たとえばマウスやラットでは、精巣はほぼ鼠径部に位置する。さらに陰嚢筋の収縮によって、精巣を腹腔にしばしば戻す動物もある。

精巣下降という現象の説明はない。つまりなぜ精巣が一部の哺乳類で下降するか、その理由はよくわかっていない。途中まで下降する動物、まったく下降しない動物があるから、なおさらである。よくいわれる説明として、精子形成の適温が体温よりも低いため、精巣が腹腔から降下して外に出るというものがある。この説明はどうもおかしい。なぜならすでに述べたように、腹腔内に精巣が位置する動物も多いからである。むしろ精巣下降が起こったために、それに対する適応として、精子形成の適温が体温よりも低下したと見るのが順当であろう。

性腺の原基が精巣に分化するのは、Y染色体の機能に依存すると考えられる。Y染色体上の遺伝子がなんらかの物質を産生し、それが性腺の原基を精巣に誘導する。これがもっとも考えやすい機構であり、事実そうだと考えられている。ということは、卵巣は性腺の原基がいわばそのまま発生を続けたものという見方もできる。すでに述べたように、卵巣の分化は精巣に遅れて生じる。卵巣の分化に関わる機構は、よく知られていない。

なぜ哺乳類の場合に、精巣の分化がY染色体に依存するのであろうか。それが疑問となるのは、サカナのような動物では、性はホルモンによって規定されるのが普通だからである。哺乳類でも外部生殖器の性差は、男性ホルモンで規定される。ハナダイのように極端な場合には、群の先頭を泳ぐ個体が雄であり、あとに従う個体はすべて雌である。この雄個体がなんらかの事情で失われると、群の先頭を泳ぐ個体が雄に変化する。行動から脳由来でホルモン分泌の変化が生じ、性の転換が起こると考えられる。いくつかのサカナの発育過程で、水に男性ホルモンを入れておけば、すべての個体を雄にすることができる。

哺乳類はこうした性決定機構をとっていない。これに関係しているのは、おそらく哺乳類の胎生という事情である。胎盤の進化過程で、もし性ホルモンによる性決定過程をとっていると、すべての個体が雌になる可能性が考えられるからである。そういう極端なことが生じるかどうかはともかく、性決定にさまざまな不都合が起こりそうだということは想像できる。もちろん性決定過程と胎生の進化とは、原因結果の関係になっているとは限らない。いずれにせよ性腺の分化という、最初の具体的な性決定過程をY染色体に依存することで、哺乳類はそこへの性ホルモンの関与を避けていることになる。

3　性ホルモンによる分化

性腺が精巣に分化すると、性分化は次の段階に入る。精巣の細胞がホルモンを分泌するようになるからである。そのホルモンの作用により、それまで外見上は男女差が認められなかった胎児の身体に明確な性差が出現するようになる。

まず男性ホルモンが間細胞（ライディッヒ細胞）から分泌される。なぜ間細胞と呼ばれるかというと、精細管どうしの間隙に位置するからである。精細管は精巣の主体を占め、そのなかで精子形成が起こる。一般に精巣は結合組織に乏しく、精細管のあいだにはほとんど間細胞と血管しかないように見える。胎児の精巣は精細管の発達がまだ悪く、逆に間細胞の発達がよいため、その組織像は成体とはかなり違って見える。

間細胞の分泌する男性ホルモンにより、外部生殖器の分化が生じる。男女成体の外部生殖器は、形態がきわめて違っているように思われるかもしれない。しかし、どちらも胎児期の同じ形から変化して生じたものである。その具体的な事情はつぎのとおりである。

男性の陰茎は、女性の陰核に相当する。陰茎は伸長し、下部に尿道を包み込んで延長する。前立腺が開口する部分（尿道前立腺部）より前方の尿道は、男性にのみあって、女性にはない。そのため成体では、男子の尿道は女子よりもかなり長い。

男性の陰嚢、女性の大陰唇は、皮膚のヒダである同じ原基から生じる。女性の膣前庭、すなわち膣の入り口に相当する部分が男性にないのは、このヒダが男性では左右がつながって融合するからである。陰嚢の正中に見られる陰嚢縫線は、その融合の痕跡である。左右の融合が不十分な場合がときに見られ、尿道下裂となる。男性ではやがて陰嚢のなかに精巣が降下する。こうして男女それぞれの外部生殖器の形態が完成する。

さらに精細管の内壁を覆うセルトリ細胞が、抗ミュラー管ホルモンを分泌する。セルト

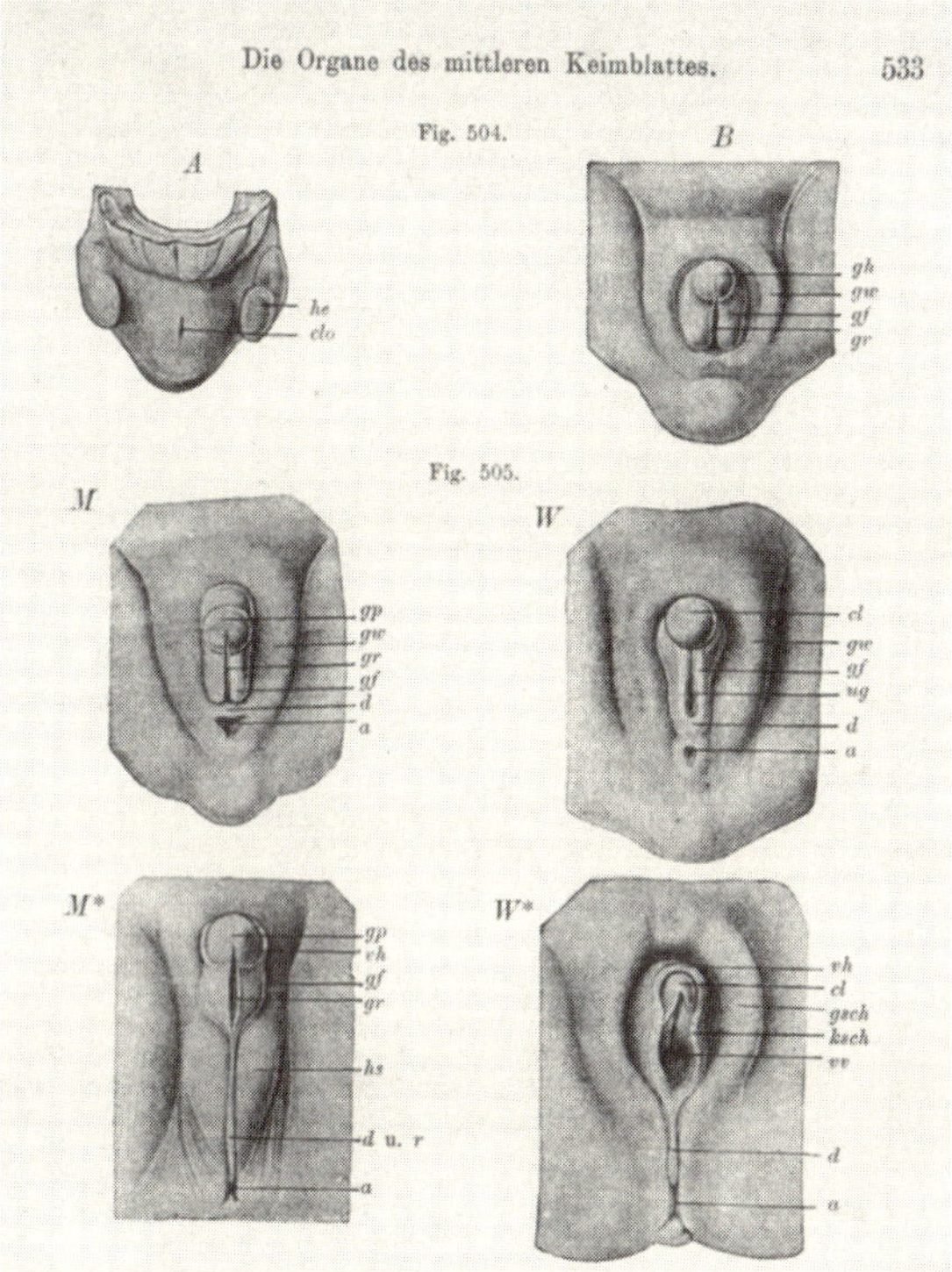

外部生殖器の分化：胎生7週までは，外見上男女の区別はない。性腺原基は，精巣・卵巣いずれにもなりうる。この時期を「未分化期」あるいは「性的両能期」という。図では，A，Bが未分化期。左2図が男性，右が女性に分化していく過程。(Lehrbuch der Entwicklungsgeschichte des Menschen und der Wirbeltiere : Verlag von Gustav Fischer 1919 より）

リ細胞は生殖細胞を包みこんで、精子形成過程を補助する。精細管の内壁はセルトリ細胞に覆われ、基本的な精子形成過程はそれより内部で進行する。精細管の内部環境は、したがって精細管どうしの間隙を占める通常の結合組織とは、かなり違っている。精細管内部の環境を作り出すのは、セルトリ細胞を中心とする精細管壁であり、これを機能的に精巣——血液関門という。

抗ミュラー管ホルモンによってミュラー管の発育が停止し、さらには退化消失する。ミュラー管は腹膜の落ち込みで生じる対性の管で、これが後に子宮と卵管、さらにおそらく膣の上部を形成する。したがって男性では、精巣の分化によって、子宮と卵管の原基が消されることになる。ミュラー管が対性であり、したがって卵管・子宮および膣の一部が対性であることは、有袋類では明瞭である。ヒトのように、産児数がふつう一であるような哺乳類は単角子宮なので、この場合には子宮は不対性に見える。しかし子宮は卵管と原基を同じくしており、元来は対性の器官なのである。

男性で精子を精巣から送り出す精管は、卵管と同じ原基から生じるものではない。卵管と子宮は右に述べたようにミュラー管由来だが、精管は中腎管（ウォルフ管）由来である。

腎臓は古典的な説明では、発生の過程で前腎、中腎、後腎という三つの腎臓を順次形成するとされる。これはじつは、もともと腎が体節性に存在することに関係している。われわれの身体は、脊椎や肋骨に見るように、体節性の構造を示す。こうした体節構造は、発生過程では前方から先に分化していく。そのとき頸部体節に由来する腎が前腎であり、まっさきに生じて、まず退化する。ヒトではほとんど形成されないという説もある。続いて胸部体節に由来する中腎が発生する。これはヒトでもわずかに尿を分泌するところまで分化し、退化する。その尿管である中腎管が退化せずに残って、男性の精管を形成することになる。女性でも中腎管は完全に退化するわけではない。細い管として残存し、これをガルトナー管という。腰部以下の体節から生じるのが後腎で、これが成体の腎を形成することになる。後腎から膀胱へ尿を送る尿管は、後腸から伸び出した内胚葉性の管である。膀胱も後腸の膨らみから生じる。

精細管で作られた精子は、精巣網と呼ばれる細管の網の目を通り、さらに迂曲する精巣上体管を経て精管に入る。精管は腹腔方向に戻って、ふたたび外へ向かい、最終的に尿道前立腺部に開口する。その先の精子の通路は尿道である。

胎生期に同じ形態を示していた男女の身体が、成体になるときわめて異なってくる経緯は、おおむね以上のようなことである。もちろん読んでいるほうは、さっぱりわからないかもしれない。以下に関連する事項を含め、いくつかの点を整理して論じておきたい。

生殖器について重要な点は、まず生殖細胞すなわち精子と卵子の通路である。精子はすでに述べたように、精巣から尿道へと送られる。最後に尿道から射精されるまで、精子は閉じられた管のなかを通る。つまり精細管のなかで生殖細胞から精子形成過程を経て生じた精子は、精巣網を経て精巣上体管に合流して入り、それがそのまま精管に続く。

他方卵子は、卵巣表面に排卵される。卵巣と卵管は直接に連結しているわけではない。右に述べたように、性腺原基から生じる卵巣と、ミュラー管から生じる卵管・子宮が、連結しなければならない発生上の必然性はない。したがってヒトの場合、事情によっては、排卵された卵子あるいは受精卵が卵管の外、すなわち腹腔にこぼれ落ちることもありうる。受精卵が腹腔に落ち、そこに着床した場合には、腹膜妊娠が成立する。しかしその場合、胎盤形成が不全であるため、やがて流産を起こす。これが子宮外妊娠の流産である。

精管が中腎管由来であること、精子が最後に尿道を通ることでわかるように、精子の通路はしばしば尿の通路と共通している。これは生殖器と泌尿器とが、個体発生、系統発生的に関連しているためとも考えられる。しかし卵子は尿の通路を利用していない。したがって精子の通路に尿路を使うことの意味は、よくわからないというしかない。

マウスなど、多くの動物では、腹膜が卵管と卵巣を包み込んで、腹腔内に閉空間を構成する。ヒトはそうなっていない。排卵された卵子は、構造的にではなく、機能的に卵管に送られるのである。こうした例や、すでにのべた精巣下降の例などを考えると、性分化は重要なことであるようでいて、それぞれの具体的な事例では、きわめて機会主義的になっている。適当に使えるものを使っているという感がある。生殖戦略は典型的に機会主義的であるが、動物の生殖に見られるそうした機会主義は、ふつう安定していると考えられがちな解剖学的構造にまで、よく表れているのである。

精巣のホルモンによる性分化の段階でも、染色体の場合と同じように、いくつかの異常が生じる。つまりそれ以前の性分化と逆転した決定が、この段階で起こる可能性がある。

もっとも著明なものは、睾丸性女性化症と呼ばれる状況である。これは、性腺原基はすでに精巣に分化しているものの、そこから産生された男性ホルモンが、なんらかの事情でまったく効果を表さない場合である。男性ホルモンの効果がなければ、外部生殖器は当然のことながら女性としての分化を遂げる。この場合にはとくに外見上がまったく女性らしい女性となり、社会的には女性として育つのが一般である。ところが性腺が精巣であるために卵巣機能がなく、女性としての性周期が表れない。そのため原発性無月経として、医師を訪れることが多い。さらにもし抗ミュラー管ホルモンが機能していれば、卵管と子宮、さらに膣上部は消失することになる。これらはミュラー管から発生するからである。

睾丸性女性化症の場合、なぜ男性ホルモンが効果を示さないかについては、症例によりいくつかの可能性がありうる。もっとも可能性が高いのは、ホルモン受容体であるタンパクの構造異常である。ホルモンはそれ単体では機能しない。当然のことながら、標的器官の細胞内にある受容体に結合することによって、ホルモンはその作用を表す。ホルモン－受容体の結合関係は特異的で、分子の立体構造に関係する。これをよく鍵と鍵穴の関係と表現する。睾丸性女性化症の場合には、ホルモンという鍵があっても、それが鍵穴にはまらないために、男性ホルモンの効果がないと考えられる。さらに論理的可能性として、間細胞の異常が挙げられる。この場合には、ホルモン産生そのものに問題が生じることになる。

ホルモンによる性分化の異常は、睾丸性女性化症のように、男性でホルモン作用が欠けたか、不十分である場合と、女性に男性ホルモン作用が出現してしまう場合とがある。後者の例としては、たとえば副腎腫瘍が考えられる。さらに男女の形態差が曖昧になる例としては、自然発生的なキメラが考えられる。キメラとは遺伝的に異なった細胞群が一個体を形成するものを指す。もし性別の異なった受精卵がなんらかの事情で合体して一個体を生じた場合、成体まで発育したときに、かなり奇妙な状況が生じうることは想像できるであろう。

ここまで述べてきたように、哺乳類の性分化では、性腺の分化が内部・外部生殖器の分化と異なる機構で起こることになる。これは哺乳類が胎生を進化させたことと根本的に関係している。なぜなら性腺の分化もまた性ホルモンに依存させたとすると、胎盤の進化が不十分な過程では、すべての胚が女性化する可能性があるはずだからである。

4 脳の性分化

最終的な性分化は脳に起こる。近年、脳の性差がしだいに注目されるようになってきた。

脳の性差は、外部生殖器と同じく、性ホルモンの作用によって生じると考えられる。たとえば右脳と左脳の分化は胎生期にすでに生じている。これは左右大脳半球の性ホルモンに対する感受性が異なるためとされている。左右半球の感受性が本質的に異なるわけではない。たまたま胎生期の男性ホルモンのバーストが起こる時期に、左右半球の性ホルモン感受性に発育段階によるずれが存在し、それが、男性ホルモンの作用が拡大する結果になると解釈されるのである。

脳の性差は行動における性差を引き起こす。行動の性差が配偶者の選択や授乳・育児のような場面に出現するなら、機能的適応として当然と見なされる。しかし、かならずしもそうした明瞭な文脈がないと思われる行動の性差は、社会的性すなわちジェンダーの議論と結びつきやすい。

性行動の差が脳の性差と平行することは、論理的には明らかである。近年では、同性愛者における脳の特徴が取りあげられることも多い。いわゆる性的二型核が、男の同性愛者の場合には女性型だという指摘もある。ただし脳と行動の関係は、ヒトの場合には、やっと解析の端緒についたばかりというべきであろう。行動の性差のような各論的な問題に、脳という視点から明快な結論が出るのは、まだ先のことと考えられる。

社会的には、さまざまな問題を脳に還元すること自体が、まだ常識となっていない。性と脳の関係に限らず、犯罪と脳、さまざまな才能と脳の関係も、社会ではじつは表だって論じられない傾向がある。むしろそれを嫌うというべきであろう。そこには脳と行動の関係を因果関係として捉えようとする誤解がある。脳が「こうなっているから」、行動がこうなるというのではない。脳がこうなっていることと、行動がそうなるということは、ほとんど「同じこと」なのである。話を脳という身体に具体的に言い換えただけだといってもいい。

日本社会で脳の性差が問題になるのは、たとえば学業成績の場合である。言語系の試験では女性の成績がよく、空間把握や数学・物理学系の試験をすれば男性の成績がよい。ただしこれはあくまでも統計だから、個人には当てはまらない。それは次の例を考えれば、明らかであろう。一般に、すなわち平均的に、男性は女性より背が高い。しかしある男性を連れてきたとき、その男性より背の高い女性を、いくらでも見つけることができる。男女差を一般化して論じるなら、こうした常識を頭に入れておく必要がある。

言語はふつう左脳の機能とされ、したがって卒中や事故で左脳の障害が起きたときには、同時に言語障害を伴うことが多い。もちろんこうした障害は、一年くらいの間にかなり回復する。つまり別な回路が形成される。しかし人によっては、言語機能について、左右両側を使っていることもありうる。そうした例は、女性で報告されている。古くから女性の場合に、左右の大脳皮質を連結する脳梁が相対的に大きいとされる。そのことと、女性の言語適性のあいだになんらかの関係がある可能性が指摘できる。言語は視覚と聴覚の連結であるが、音楽と絵画はそれぞれ聴覚、視覚に特有の表現行為である。すなわち左脳は視聴覚の共通処理に、右脳はそれぞれの感覚処理に特殊化したとも見ることができる。とすれば、脳梁の相対的に小さい男性の場合には、左右脳の機能分化が強いと考えることができるからである。

脳の性差は、社会的文脈でとらえられることが多いため、実際のデータに基づかない議論は危険である。しかしフェミニストの主張を待たずとも、社会的に明瞭な偏見が存在することは、性差という問題に関しては、ごく一般的である。

❦脳ではないが、典型的な例を挙げるなら、骨盤の性差がそうである。解剖学を含む医学教科書のほとんどが、女性の骨盤の特徴を、お産に対する適応として記載するのはその例である。お産がなかったら、人類は存続してこなかったはずである。それなら女性の骨盤はお産に対する適応というより、基準的な骨盤として記載されていい。しかし多くの人が、女性の骨盤は「お産のために特殊化している」と、暗黙のうちに見なしているはずである。男性の骨盤は、お産をしないために、運動に対して適応するようになった。そう記載しても、お産に対する適応として女性骨盤を記載するのと、論理的にはまったく同等であるはずである。

ヒトを男女の二つの群に分けたとき、そのどちらを基準にとることもできない。両者を包含する群をヒトと定義するしかないのは当然であろう。しかし性差の議論は、従来の社会的な文脈では、しばしば男性を基準として論じられてきた。それにはフェミニズムの主張を待つまでもないことも多いのである。

性差を論じる意味

極端なフェミニストであれば、性差をなぜ論じるか、その意図を問題にするかもしれない。広い文脈では、性差は心身問題である。すなわち脳が把握した身体の問題である。一般に心身問題は遺伝子系と神経系のからみになっている。こうした問題がかならず複雑化することは、すでに指摘した。

さらに脳自体にすでに性差があるため、性差の議論は自己言及を含んでしまう。性差の議論を吟味していくと、しばしば単純な論理の問題が出てくるように思われるのは、こうしたことに関係している。ヒトを男女二つの範疇に区分するのは、じつはさまざまな論理的問題を引き起こすのである。もっとも通常は、倫理的問題のほうが生じると思われているのだが。

自然の区分としていうなら、男女の間に明瞭な線を引くことはできない。それは性決定の四段階のそれぞれで、性決定の逆転が生じる例から明らかであろう。過去においてはそれを「異常」とみなしたが、確率的に生じうる事象を異常ということは、本来はできないはずである。地震も台風もべつに異常な現象ではない。

ところが社会的性、すなわちジェンダーは明確に区別される。自然の性は画然と分離できないが、社会的性は画然と分離しなければならないと思われている。それがまさに自然の「実情に合わない」ために、根本的にはそこからフェミニズムの議論が生じると思われる。それが社会的性に関するものである以上、その種の議論はもちろん社会による違いを示す。しかし根本的に性差は自然のおいた区分であることを認めるなら、男女のあいだに移行が生じて当然である。

死もまた自然の現象であり、したがって生死のあいだに明確な線を引くことはできない。しかし社会的に認められた死は、きわめて明確に生とは区分される。多くの誤解は、自然の区分は与えられたものであって明確であり、人為的な区分は恣意的で曖昧だという一般論から生じる。話はおそらく逆である。自然の区分はつねに曖昧だが、脳がする区分は明瞭、すなわち分節的なのである。

社会が人工に寄るほど、すなわち都市化するほど、人々は自然の曖昧さを許容しなくなる。人々の思考が、分節的な、明確な区分を要求するようになるからである。それを世界が脳化してきた証拠と見ることもできる。ヒトが見る世界は、そこでは脳の世界に近づくのである。

このような一般的傾向を認めるなら、性差の論じ方はあきらかであろう。自然の状況を重視すべきであり、社会的な当為を重視すべきではない。このことは、一方で従来の社会慣習としてのジェンダーの意味をまったく否定するものではない。そうした暗黙の区分は、自然の統計に基づいた、ある種の合理性を持っていたかもしれないからである。

つまりフェミニズムの問題は、じつは二重になっていると見るべきであろう。一つは従来のジェンダー区分に対する異議申し立てだが、それなら他方では、それは脳化に対する異議申し立てであるべきなのである。ところがフェミニズムが都市から生じてくること自体が、それ自体が都市的産物、すなわち脳化の産物であることを意味する。ゆえに本質的な脳化に対する異議申し立ては、フェミニズムからは生まれないであろうという予測が生じる。自然は男女の異をかならずしも立てていないからである。

あとがき

人間科学という本をまとめようと思って、ずいぶん長い時間が経ってしまった。いっこうに埒があかないので、担当の磯知七美さんが雑誌「ちくま」に連載するようにしてくれた。一年連載して、それが終わって、はや二年になるという。光陰矢のごとしである。

根本的な意図は別にして、連載のときと、本にまとめるときでは、考えがかなり違ってしまった。だから連載原稿をほぼ元通りに残した部分もあるが、かなり書き換えた。それでいちおうの形になったのが本書である。それでもまだ、書き換えようとすれば、書き換えられる。しかしそれでは、いつまでたっても形にならない。

本書に書いたように、人はどんどん変わる。考えている内容がどんどん変化する。だからよくまとまった部分は、自分としてはもう考えが固定した部分である。そこは自分ではあまり面白くない。新発見ではないからである。

だから書き換えようとすると、新たに考える部分が増える。その部分はまだ考えがまとまっていないから、後になると書き換えたくなる。こうして、いつまでたっても、本にまということかもしれない。考えが進歩するといえば聞こえはいいが、これまでいかに怠けていたか、というだけのことかもしれない。

書き終わってつくづく思うのは、考える時間が足りないということである。現代社会は忙しすぎる。勉強の時間もない。本書の内容についても、場合によっては、哲学者なら、これはだれそれがすでに論じた、こういう問題だというかもしれない。しかし西洋哲学はプラトンにつけた脚注だという言葉もある。新発見とは、私にとって、つねに私自身に関する発見である。俺はこんなことも知らなかったか、というだけのことなのである。最後の二章は、じつは各論に相当する。このあと、さまざまな主題について、各論を付け加えれば、まだまだ長くなる。さらにそれぞれの章が一冊の書物になりうる。しかも各論的な事実は、まさに日進月歩するから、ここでも際限はない。すべては後世に期待するしかない。

都市や世間の章は、詳説すれば、それぞれまた一冊の書物になる。だから短く切り詰めてある。具体的な詳細については、雑誌や新聞などの論考で触れる機会が多い。それをまとめて本にすることもあるので、興味のある方は、そちらを参照していただければありがたい。また前半で論じた話題の基礎的な部分は、『解剖学教室へようこそ』『考えるヒト』でも論じてある。そちらを同時に参照していただければ、理解しやすいと思う。

以前からお前のやることは哲学だといわれることが多かった。哲学かどうか、そんなことは知らない。哲学者は徒手空拳という感じがするが、私はメスも顕微鏡も虫捕り網も持っている。だからその分、哲学者よりは仕事が不純であるに違いない。つまり人間科学というのは、哲学よりはもう少し不純な学問なのである。

養老孟司

二〇〇二年二月

文庫版あとがき

この本で扱った主題は、若い頃から考え続けていることである。もともと私は医学の出身で、そのなかでも基礎医学を、そしてそのなかでも、そのまた基礎とされる解剖学を専攻した。ではその解剖学の基礎とはなにか。

それじゃあ際限がないじゃないか。べつにそうは思わない。そうやって基礎を詰めていったら、要するに「すべてはお前が考えていることじゃないか」という結論になった。考えないんだったら、べつに学問はいらないからである。でも考えるのは、ともあれ意識がなければできない。その意識は脳のはたらき、つまり脳の産物に間違いない。でもその脳は身体の一部である。その話がつまり「唯脳論」になった。意識とか脳とかいうけれど、結局は身体に戻ってきたのである。

それなら私が考えてきたことは、身体そのものを研究する解剖学ではないか。私はそう思ったが、世間にも学会にも、そう思ってはもらえなかった。哲学じゃないか、というのが、せめてもの親切な意見、なんだかわからんというのが、ふつうの意見だったような気がする。

むろん、そんなことを考えたって、論文にはならない。論文を書く能力がないから、そういうことを考えているフリをしてるんじゃないか、と思った人もあるのではないかと思う。能力はなかったかもしれないが、フリはしていなかったと思う。私は自分のすることの根拠を考える癖がある。ただし虫採りだけは根拠を考えない。それを「好き」という。若いときに好きな人ができて、なぜ好きかと訊かれたって、根拠なんてあるわけがない。理由らしいことを述べたって、どうせ後知恵に違いない。

それなら私は、解剖学は虫ほどには好きでなかったのである。だから「仕事として」そういうことをしなければならない根拠を、自分なりに確定したかった。そんな気持ちを持った理由は、いま思えば、簡単である。戦争で大人の世界の価値観が完全にひっくり返るのを、小学校二年生で肌で感じてきたからである。なにか社会的なことを本気でやるなら、自分なりの根拠をきちんと持たなければ危険だ。それがさまざまな考えになり、著書になった。

そこからいろいろ枝葉が生えて、話がだんだん長くなってしまった。だからその後、北里大学でやった講義は、「人間科学」という題にした。脳や身体では、話が限定されてしまうからである。でもそもそもの真意が伝わった学生がいたかどうか。たぶんいなかったのではないかと疑っている。

もう癖がついてしまって、いまでも考えているから、今度の文庫版のための校正刷を読み返したら、一部を書き直したくなった。でも本というのは全体のまとまりを持っているから、一部を直すのはあんがいむずかしい。怠け者のいいわけだろうと思う人もあるだろうが、実際にそうかもしれない。

今回は内田樹さんにご丁寧な解説をいただいた。おかげでこの本が、なんだか立派な本に思えてきた。解説の解説がいるかもしれないという気がするが、本人はそれほどむずかしい本を書いたつもりはない。ただ日常からズレた感じがするから、哲学だといわれるらしい。本人にそんなつもりはない。四方山話なのである。

一つの問題は用語かもしれない。自分の校正を読むときに、たまたま精神科のお医者さんである木村敏氏の『臨床哲学の知』（洋泉社）を読んでいた。むろんその一部についてだが、木村氏と私は「同じようなこと」を論じているのではないかと感じた。木村氏の本を読んだり、話を聞くことがあると、私はしばしば了解できると感じる。「共通了解」で述べたように、つまり同じ医学の世界で、似たことを考えている面があるからであろう。ただ言葉がかなり違う。まったくの素人がこの二冊を読んだら、別な話を二人がしていると思うに違いない。まことに学問の専門とは、厄介なものである。

ここでとり上げた話題の一部、とくに「自己」については、そのあと『無思想の発見』（ちくま新書）でさらに論じた。関心のある方は、そちらも御参照いただければ幸いである。

概念と感覚の世界の違い、全体としての「同じ」と「違う」という話は、やっとまとまってきたが、まだまとめて論じていない。どうせ論じたって、世間はしばらくは無反応だから、急いでまとめる予定もない。簡単に結論を述べておくと、「同じ」と「違う」という世界を、脳は自分で同時に作り出す。それは本を読むときのことを考えればわかると思う。目の中心視野は文字を追って「動く」のに、本そのものは固定していて動かない。動くのは「変化」だから「違う」に属し、固定しているのは「無変化」だから、「同じ」に属する。

目の代わりに、テレビカメラを置いたら、本も動いてしまう。そもそも目がテレビカメラだったら、自分が動くたびに世界がグラグラ揺れて、酔ってしまう。じゃあ、なぜ世界は固定しているのか。そのためには、周辺視野の視覚を扱う脳の部分に、中心視野とはちょうど逆方向の入力をしてやればいい。実際に脳はそうしていると思う。そうすれば「固定してとまっている本の文字を目で追う」という意識が生じる。これが固定した視野のなかでアナロジカルに使われると、「地と図」という話になる。

世界が固定していると思うのは、脳がそうしているからである。じゃあ世界が動き回ったらどうかというなら、目が回るし、酔う。じゃあ世界は固定しているんだろうといわれたって、諸行は無常で、万物は流転する。動く世界も固定した世界も、一方が生まれたら、同時に他方も脳から生まれてくるのである。

それは当たり前じゃないか。結論までたどり着くと、よくそういわれる。つまり当たり前のことをわかってもらうのが、いちばんむずかしい。当たり前をむずかしく説明するのが学問か。そう訊かれると、そうだといいたくなる。

ともあれ、この本に書いた自然選択と情報の関係や、世間の話は、いまでも自分では間違っているとは思っていない。歳のせいで、頭が固くなったのかもしれない。たぶんそうなのであろう。

二〇〇八年十月

養老孟司

解説　「なにか神様のようなもの」について

内田　樹

世の中には「加工品を扱う人」と「なまものを扱う人」の二種類の人がいる。寿司屋と一緒で、二流以下の学者はおおむね「加工品」を扱い、ほんものの学者は「なまもの」を扱う。

養老先生は「なまもの」相手の人である。養老先生の駆使される諧謔も、逆説も、いずれも「なまもの」を相手にするためのツールである。

「なまもの」とは何のことか。

以前、高橋源一郎さんと話していたときに、高橋さんが「詩人は寿司屋の職人で、批評家は客だ」という卓抜な比喩を用いたことがあった。

高橋さんによると、職人は「なまもの」を扱う。その日に築地から届いた魚を「はいよ」とさばくのが仕事である。ものが「なま」だから、日によって質がずいぶん違う。でも、手元にそれしか食材がないから、それで何とか寿司を握る。「こんなネタじゃ寿司にならねえな」とつぶやきながら、気がつくと手は包丁を握って、魚を三枚におろしている。

詩人もそうであるらしい。手元にある「ありあわせの言葉」で詩人は詩を作る。はっと気がつくと「ありあわせの言葉」を並べ替えたり、組み合わせを変えたりして、詩を書いている。「こんな言葉じゃ詩は書けない」というような贅沢なことを詩人は言わない。

高橋さんの詩人の話を聞いて、私はクロード・レヴィ＝ストロースの「ブリコルール」という概念を思い出した。

「ブリコルール」（bricoleur）には仏和辞典では「修理や工作のうまい人、手先の器用な人、日曜大工」というような訳語が当てられているが、レヴィ＝ストロースが『野生の思考』で用いたのは、それとはちょっとニュアンスが違う。「ブリコルール」は「ありあわせのもの」で当座の用を間に合わせる術を知っている人のことである。

レヴィ＝ストロースがフィールドワークの対象としたマト・グロッソのインディオたちは、わずかばかりの家財を背負って、ジャングルの中を移動生活していた。人ひとりが背負える家財の量には限度がある。だから、道具はできるだけ多機能であることが望ましい。狩猟具として使え、工具として使え、食器として使え、遊具として使え、呪具としても使える……というような多目的なものであるほど使い勝手がよい。しかし、「何にでも使えるもの」は逆に一見しただけではどんな使い道があるのかわからない。だから、ブリコルールは密林を歩いていて、何かを見つけると、それをじっと眺めて、「なんだかよくわからないけれど、そのうち何かの役に立つかもしれない」と思ったら、背中の合切袋に放り込む。「こんなものでも、いずれ何かの役に立つかも知れない」(Ça peut toujours servir)というのがブリコルールの口癖である。

詩人とブリコルールのあり方は、「なまもの」を扱うという点で、養老先生の知的な構えに深いところで通じているように私には思われる。それは「手元にある素材と道具」しか使えるものがないという限定を受け容れるということと、「手元にある素材と道具」は徹底的に、その潜在的な使用可能性を洗いざらい使うということ、この二点である。

養老先生はこの本の冒頭できわめて本質的なことを述べている。

「われわれは『世界はこういうものだ』と信じているが、それは脳がそう信じているだけである。しかしそうだとわかったからといって、事情がさして変化するわけではない。相変らずの日常生活が続く。しかし、脳が信じているだけだということを知ることは、それでも大切なことである。なぜなら、たかだか一五〇〇グラムの自分の脳が、いわば『勝手に思っている』ことを根拠に、たとえば人を殺していいかという疑問が生じるからである。だから私は、どんな原理主義者にもなれない。まして唯一絶対の神など、信じない。なにか神様のようなもの、つまりもっと曖昧なものは信じるのだが。」(一三〜一四頁)

脳はそれ自体が生きている細胞からできている「なまもの」である。「なまもの」だから酸欠になれば朦朧とするし、泥酔すれば論理をたどれないし、ブドウ糖を点滴されれば、ふだん解けない数学の問題が解けたりする。「脳は二度と同じ状態をとらない」（五〇頁）というのは、経験的には誰でも知っていることである。

ところが、この絶えざる変化のうちにある脳自身は自分のことを「永遠不変のもの」だと思いなしている。だから、私たちは朝起きたときに「私は誰だ？」と自問しない。実際には睡眠時間分だけ加齢しており、細胞が入れ替わっており、夢見が悪ければ就寝前より不機嫌になっているし、睡眠中に寝違えれば首が回らない。どう見ても同一人物ではない。けれども、その程度のあやふやな自己同一性でも、「早く起きなさい。遅刻するわよ」と言われれば「はい」と答えて起き上がることを妨げない。

よくよく考えると「誰だかよくわからない人間」を「私」と同定して怪しまないわけだから、これはこれでたいした能力だと言わねばならない。脳が「別のものを同定する」という特技を選択的に発達させたのは、進化上の意味があったからだろう（どういう意味だかはわからないけれど）。

脳は「生成し変化し消滅するもの」でありながら、おのれを「同一不変のもの」とみなす。そのような訳の分からないものでありながら、私たちの手元には「それ」しかない。手元にそれしかない以上、それで我慢するしかない。その代わり、それしかない脳の蔵している潜在可能性はこれを洗いざらい使い切る気構えがなければならない。

養老先生がおっしゃっているのはそういうことではないかと私は思っている。

脳を使って、脳の定めたルールに従いながら、脳がどのように機能して、私たちをどのようにして脳のルールに従わせようとしているのかを遡及的に記述すること。めんどうな仕事であるけれども、「脳の潜在可能性を洗いざらい使い切る」気なら、それくらいのめんどうは覚悟しなければならない。

私たちには脳という「なまもの」しか与えられていない。ところが、この「なまもの」は自分が「なまもの」であることを否定する。脳は「自分は情報であって、システムではない」と自己規定する。これはどこかしら「クレタ島人のパラドクス」に似ている。

あるクレタ島人が「すべてのクレタ島人は嘘つきである」と言った。さて、彼は真実を述べているのか、虚偽を述べているのか。

論理的には解答不能だが、経験的にはむずかしい話ではない。上記のごときことを言うクレタ島人に出会ったら、「ああ、そうですか。では、これからはクレタ島人に何か言われたら、話半分くらいに聞いておきます」と応じるのが成熟した大人として適切な応対である。

というのは、人間というのは、「メッセージの解読の仕方を指示するメッセージ」(これを「メタ・メッセージ」という)についてはあまり嘘をつかないものだからである。だから、さきのクレタ島人は実は「(オレ以外の)クレタ島人は嘘つきである」と言っているのである。大人はそう解釈する。というのは、自分を勘定に入れ忘れるのが人間の特徴だからである。

脳は自分を勘定に入れ忘れる。脳は生きたシステムという「なまもの」でありながら、自分を永遠不変の「情報」であると言い募っている。そして、その主務は世界中のあらゆる「なまもの」を情報化し、「世界には情報しか存在しない」と私たちに信じさせることに存する。

「この世界に『なまもの』なんか存在しない」と脳は言う。あらゆるものはすでに分類され、理解され、定義され、標本化されていると。

そういう脳に向かっては「じゃあ、あんたはそんなに必死に何をしているんだ」と訊いてみればよいのである。万象がすでに「情報」であるなら、「情報化」という仕事そのものがもとより不要のはずである。

自分の足跡を箒で消しながら、後ろ向きに歩いている人がいて、「足跡なんか存在しない」と言い張れば、これに物証を以て反論することはむずかしい（ほんとうに足跡はないからである）。でも、足跡がなくても、「その箒は何だ」と言えば、事実上、反論したことになる。

脳を相手に気色ばんで「ふざけたことをするな」と怒る必要はない。怒ろうにも相手は自分の脳である。だから、嘘つきのクレタ島人を相手にした場合と同じように、自分の脳の言い分についても「話半分くらい」に聞き流すことが人間として適切な態度なのではないかと私は考えている（おそらく養老先生もそうお考えなのではないか）。

話半分を見切って、「まあ、だいたいそういうことだろう」と当たりをつける。そういうことが人間にはできる。そして、この「脳が妙につじつまの合った話をし始めたら、話半分に聞き流す」という術が「なまもの」としての脳を扱う術者の「包丁」なのである。説明しにくい仕事だけれど、現に賢者たちはそういう面倒なことをふつうに日々行っているのである。

ソクラテスは『メノン』の中で、「問題を解く」ということのパラドクスについて述べている。私たちが解き方を知っている問いは問題としては主題化しない。私たちが解き方の見当もつかない問いもまた問題としては主題化しない。私たちが「これは問題だ」と思うのは、解き方が今はまだわからないけれど、何となくそのうちわかりそうな気がする問いだけである。

まだ解いてもいないのに、どうして「解けそうな気がする」のか。

これは先ほどのブリコルールが「いずれ何かの役に立ちそうなもの」と「何の役にも立ちそうもないもの」を識別しているときに駆使しているのと同じ能力である。ブリコルールはなんでもかんでも合切袋に放り込んでいるわけではない。袋はひとつしかないのだから、現場ではたいへんに厳しい選別が行われている。目の前に「何の役に立つかわからないもの」がある。それが「今後ともまったく役に立たないもの」であるのか「もしかすると何かの役に立つのかもしれないもの」であるかを既存の基準を以て識別することはできない（何の役に立つのかまだわかっていないのだから）。にもかかわらず、ブリコルールは逡巡することなく、あるものを棄て、あるものを袋に入れる。このとき、彼はいったい何を基準にして「いずれその使用価値が知られるはずのもの」と「いつまでもその使用価値が知られないであろうもの」を識別しているのか。

さて、ここから私の思弁はいささか暴走するのであるが、ブリコルールが判定を下すことができるのは、彼には「時間を少しだけフライングして、未来を見る能力」が備わっているからである。

「加工品」と「なまもの」、固定と変化、情報と実体、物質系と情報系のあいだの不整合を私たちがやりくりできているのは、実は「時間の中を移動する」能力を備えているからである。

私はべつにオカルト的な話をしているわけではない。箒で足跡を消している人に追いついて、箒を使っている現場を押さえれば、足跡が「あるけれど、ない」という背理のメカニズムは解明できる。このとき必要なのは物証ではなく速度である。

養老先生はさきほど引用した中で、「唯一絶対の神」は信じないが、「なにか神様のようなもの」「もっと曖昧なもの」なら信じると書かれている。私はそれを「時間をフライングできる能力」のことではないかとひそかに推察している。自分がその解答をまだ知らない問題を「解ける」と確信できること、自分がその意味をまだ知らないものの意味を部分的に先取りできること、そのような能力が私たちには備わっている。

時間も意識である限りは脳内活動の所産である。脳は時間をシーケンシャルに展開してみせる。だから、私たちは時間とは過去から未来に向かって流れているものだと空間的に表象する。でも、時間というのはまさにそんなふうに空間的には表象できないものなのである。

小説を読んでいるとき、頁を開くと、ふつうは見開き二頁分が一気に視野に入る。でも、最後まで一望俯瞰してしまうと、話がわかって面白くない。だから、私たちは最後まで読み終わっているのだが、あたかも読んでいないかのように物語をシーケンシャルに読んでいる「ふりをする」。しかし、実際にはやっぱり最後まで読み終えているのである。現に、推理小説の最後の頁の最後の行に真犯人の名前が書いてあったりすると、私たちは開いた瞬間に思わずそこを手で塞いだりする。手で塞いで犯人の名前が読めないようにすることができるのは、そこに犯人の名前が書いてあることをもう読んで知っているからである。

書物を読んでいるとき、私たちは二種類の時間のモードの間を行き来している。情報にアクセスするためには「シーケンシャル・アクセス」と「ランダム・アクセス」

という二種のモードが存在する。レコードやカセットテープは「頭から順番に」聴いてゆかないと聴きたい曲にたどりつけない。これは「シーケンシャル・アクセス」である。書物はCDやiPodは聴きたい曲を直接読み出せるから「ランダム・アクセス」である。書物は最初から読んでもいいし、好きなところを開いてもいい。そして、実際に私たちはそうやって書物を読んでいるのである。私たちは自分たちが時間と「シーケンシャル・アクセス」でしか関わり合うことができないと思っている。時間は等速的に過去から未来に「流れている」と信じている。

でも、そうでもない。「ランダム・アクセスする時間意識」をも私たちは持っているのである。どういう理由によるのか知らないけれど、その時間意識はふだんは抑制されている。しかし、たまに（何か生化学的な条件の変化のせいで）抑制の枠がはずれることがある。そのとき、私たちは「自分の思考過程の全体を、その結末に至るまで俯瞰的に見た」という全能感を経験する。

そのとき、私たちは一瞬自分が「神様」になったような気がする。というか、ことの順逆を変えて、そのような全能感（より散文的に言えば「時間と空間を一望できる表象形式」）の残像から人間は「神様」という概念を作り出したのではないかと私は思っている。

でも、相当数の人が共有できる「唯一絶対の神」でさえずいぶんと多くの災厄をもたらしているのであるから、人々がてんでに「私こそが神様だ」と言い出したら、もう世の中は大変である。おそらく、そういうことが起こらないように、この全能感（より具体的には、「ランダム・アクセスする時間意識」あるいは「時間をフライングする能力」）には少し強めの抑制がかけられているのかも知れないと私は思っている（確信があるわけではないが）。だから、養老先生が「なにか神様のようなもの」「もっと曖昧なもの」というわかりにくい言葉で指し示しておられるのは、「人間という種がこれ以上不幸にならないように抑制をかけている」生物学的な仕掛けのことではないかと私は漠然と考えている。

とここまで書いてきて読み返してみたが、私のこの解説は本書の読解を助けるどころか、一層わかりにくいものにしているような気がしてきた。解説の任を託されながら、本文をわかりにくくしてしまっては大恩ある養老先生にまことに申し訳が立たない。だから、この解説も読者のみなさんは是非「話半分」で読み流していただきたいと思う。

（うちだ・たつる　神戸女学院大学教授）

本書は、二〇〇二年四月二十五日、『人間科学』として筑摩書房から刊行された。

増補 靖国史観　小島毅
靖国神社の思想的根拠は、神道というよりも儒教にある！　幕末・維新の思想史をたどり近代史観の独善性を暴き出した快著の増補決定版。（與那覇潤）

かたり　坂部恵
物語は文学だけでなく、哲学、言語学、科学的理論にもある。あらゆる学問を貫く「物語」についての領域横断的論考。（野家啓一）

流言蜚語　清水幾太郎
危機や災害と切り離せない流言蜚語はどのような機能と構造を備えているのだろうか。つかみにくい実態を鮮やかに捌いた歴史的名著。（松原隆一郎）

ニーチェ入門　清水真木
現代人を魅了してやまない哲学者ニーチェ。「健康と病気」という対概念を手がかりに、その思想の核心を鮮やかに描き出す画期的入門書。

現代思想の冒険　竹田青嗣
「裸の王様」を見破る力、これこそが本当の思想だ！　この観点から現代思想の流れを大胆に整理し、明快に解読したスリリングな入門書。

自分を知るための 哲学入門　竹田青嗣
哲学とはよく生きるためのアートなのだ！　その読みどころを極めて親切に、とても大胆に元気に考えた、斬新な入門書。哲学がはじめてわかる！

プラトン入門　竹田青嗣
哲学はプラトン抜きには語れない。近年の批判を乗り越え、普遍性や人間の生をめぐる根源的な思索者としての姿を鮮やかに描き出す画期的入門書！

統計学入門　盛山和夫
統計に関する知識はいまや現代人に不可欠な教養だ。その根本にある考え方から実際的な分析法、さらには陥りやすい問題点までしっかり学べる一冊。

論理学入門　丹治信春
大学で定番の教科書として愛用されてきた名著がついに文庫化！　完全に自力でマスターできる「タブロー」を用いた学習法で、思考と議論の技を鍛える！

不在の哲学　中島義道

言語を習得した人間は、自身の〈いま・ここ〉の体験よりも、客観的に捉えた世界の優位性を信じがちだ。しかしそれは本当なのか？　渾身の書き下ろし。

先哲の学問　内藤湖南

途轍もなく凄い日本の学者たち！　江戸期に画期的な研究を成した富永仲基、新井白石、山崎闇斎ら10人の独創性と先見性に迫る。（水田紀久・佐藤正英）

思考の用語辞典　中山元

今日を生きる思考を鍛えるための用語集。時代の変遷とともに永い眠りから覚め、新しい意味をになって冒険の旅に出る哲学概念一〇〇の物語。

翔太と猫のインサイトの夏休み　永井均

「私」が存在することの奇跡性など哲学の諸問題を、自分の頭で考え抜くよう誘う。予備知識不要の「子ども」のための哲学入門。（中島義道）

倫理とは何か　永井均

「道徳的に善く生きる」ことを無条件には勧めず、道徳的な善悪そのものを哲学の問いとして考究する、不道徳な倫理学の教科書。（大澤真幸）

増補　ハーバーマス　中岡成文

非理性的な力を脱する一方、人間疎外も強まった近代社会。その中で人間のコミュニケーションへの信頼を保とうとしたハーバーマスの思想に迫る。

夜の鼓動にふれる　西谷修

20世紀以降、戦争は世界と人間をどう変えたのか。思想の枠組みから現代の戦争の本質を剔抉する。文庫化に当たり「テロとの戦争」についての補講を増補。

ウィトゲンシュタイン『論理哲学論考』を読む　野矢茂樹

二〇世紀哲学を決定づけた『論考』を、きっちりと理解しその生き生きとした声を聞く。真に読みたい人のための傑作読本。増補決定版。

科学哲学への招待　野家啓一

科学とは何か？　その営みにより人間は本当に世界を理解できるのか？　科学哲学の第一人者が、知の歴史のダイナミズムへと誘う入門書の決定版！

経済思想入門 松原隆一郎

スミス、マルクス、ケインズら経済学の巨人たちは、どのような問題に対峙し思想を形成したのか。その今日的意義までを視野に説く、入門書の決定版。

自己組織化と進化の論理 スチュアート・カウフマン 米沢富美子監訳 森弘之ほか訳

すべての秩序は自然発生的に生まれる、この「自己組織化」に則り、進化や生命のネットワーク、さらに経済や民主主義にいたるまで解明。

人間とはなにか（上） マイケル・S・ガザニガ 柴田裕之訳

人間を人間たらしめているものとは何か？ 脳科学界を長年牽引してきた著者が、最新の科学的成果を織り交ぜつつその核心に迫るスリリングな試み。

人間とはなにか（下） マイケル・S・ガザニガ 柴田裕之訳

人間の脳はほかの動物の脳といったい何が違うのか？ 社会性、道徳、情動、芸術など多方面から「人間らしさ」の根源を問う。ガザニガ渾身の大著！

新版 自然界における左と右（上） マーティン・ガードナー 坪井忠二／藤井昭彦／小島弘訳

「左と右」は自然界において区別できるか？ 上巻では、鏡の像の左右逆転から話をはじめ、動物や人体における非対称、分子の構造等について論じる。

新版 自然界における左と右（下） マーティン・ガードナー 坪井忠二／藤井昭彦／小島弘訳

左右の区別を巡る旅は続く――下巻では、パリティの法則の破れ、反物質、時間の可逆性等が取り上げられ、壮大な宇宙論が展開される。（若島正）

ナチュラリストの系譜 木村陽二郎

西欧でどのように動物や植物の観察が生まれ、生物学の基礎となったか。分類体系の変遷、啓蒙主義との親和性等、近代自然誌を辿る名著。（塚谷裕一）

M《マ》i《イ》N《ン》D《ド》 ジョン・R・サール 山本貴光／吉川浩満訳

唯物論も二元論も、心をめぐる従来理論はそもそも全部間違いだ！ その錯誤を暴き、あらゆる心的現象を自然主義の下に位置づける、心の哲学超入門。

類似と思考 改訂版 鈴木宏昭

類似を用いた思考＝類推。それは認知活動のすべてを支える。類推を可能にする構造とはどのようなものか。心の働きの面白さへと誘う認知科学の成果。

デカルトの誤り
アントニオ・R・ダマシオ
田中三彦 訳
脳と身体は強く関わり合っている。脳の障害がもたらす情動の変化を検証し「我思う、ゆえに我あり」というデカルトの心身二元論に挑戦する。

心はどこにあるのか
ダニエル・C・デネット
土屋俊 訳
動物に心はあるか、ロボットは心をもつか、そもそも心はいかにして生まれたのか。いまだ解けないこの謎に、第一人者が真正面から挑む最良の入門書。

動物と人間の世界認識
日高敏隆
人間含め動物の世界認識は、固有の主体をもって客観的世界から抽出・抽象した主観的なものである。動物行動学からの認識論。（村上陽一郎）

人間はどういう動物か
日高敏隆
動物行動学の見地から見た人間の「生き方」と「論理」とは。身近な問題から、人を紛争へ駆りたてる「美学」まで、やさしく深く読み解く。（絲山秋子）

心の仕組み（上）
スティーブン・ピンカー
椋田直子 訳
心とは自然淘汰を経て設計されたニューラル・コンピュータだ！ 鬼才ピンカーが言語、認識、情動、恋愛や芸術など、心と脳の謎に鋭く切り込む！

心の仕組み（下）
スティーブン・ピンカー
山下篤子 訳
人はなぜ、どうやって世界を認識し、言語を使い、愛を育み、宗教や芸術など精神活動をするのか？ 進化心理学の立場から、心の謎の極地に迫る！

宇宙船地球号 操縦マニュアル
バックミンスター・フラー
芹沢高志 訳
地球をひとつの宇宙船として捉えた全地球主義的思考宣言の書。発想の大転換を刺激的に迫り、エコロジー・ムーブメントの原点となった。

ペンローズの〈量子脳〉理論
ロジャー・ペンローズ
竹内薫／茂木健一郎訳・解説
心と意識の成り立ちを最終的に説明するのは、人工知能ではなく、〈量子脳〉理論だ！ 天才物理学者ペンローズのスリリングな論争の現場。

鉱物 人と文化をめぐる物語
堀秀道
鉱物の深遠にして不思議な真実が、歴史と芸術をめぐり次々と披瀝される。深い学識に裏打ちされ、優しい語り口で綴られた「珠玉」のエッセイ。

植物一日一題　牧野富太郎

世界的な植物学者が、学識を背景に、植物名の起源を辿り、分類の俗説に熱く異を唱え、稀有な蘊蓄を傾ける、のびやかな随筆100題。　（大場秀章）

植物記　牧野富太郎

万葉集の草花から「満州国」の紋章まで、博識な著者の珠玉の自選エッセイ集。独学で植物学を学んだ日々など自らの生涯もユーモアを交えて振り返る。

花物語　牧野富太郎

自らを「植物の精」と呼ぶほどの草木への愛情。その眼差しは学問知識にとどまらず、植物を社会に生かす道へと広がる。碩学晩年の愉しい随筆集。

クオリア入門　茂木健一郎

〈心〉を支えるクオリアとは何か。ニューロンの発火から意識が生まれるまでの過程の解明に挑む。心脳問題について具体的な見取り図を描く好著。

柳宗民の雑草ノオト　柳宗民・文　三品隆司・画

雑草は花壇や畑では厄介者。でも、よく見れば健気で可愛い。美味しいもの、薬効を秘めるものもある。カラー図版と文で60の草花を紹介する。

唯脳論　養老孟司

人工物に囲まれた現代人は脳の中に住む。脳とは檻なのか。情報器官としての脳を解剖し、ヒトとは何かを問うスリリングな論考。　（澤口俊之）

スモールワールド・ネットワーク〔増補改訂版〕　ダンカン・ワッツ　辻竜平／友知政樹訳

たった6つのステップで、世界中の人々はつながっている！　ウイルスの感染拡大、文化の流行など様々な現象に潜むネットワークの数理を解き明かす。

ローマ帝国衰亡史（全10巻）　E・ギボン　中野好夫／朱牟田夏雄／中野好之訳

ローマが倒れる時、世界もまた倒れるといわれた強大な帝国は、なぜ滅亡したのか。一世紀から一五世紀までの壮大なドラマを、最高・最適の訳でおくる。

史記（全8巻）　司馬遷　小竹文夫／小竹武夫訳

中国歴史書の第一に位する「史記」全訳。帝王の本紀十二巻、封建諸侯の世家三十巻、庶民の列伝七十巻。さらに書・表十八巻より成る。

ちくま学芸文庫

養老孟司《ようろうたけし》の人間科学講義《にんげんかがくこうぎ》

二〇〇八年十一月十日　第一刷発行
二〇二一年十一月十日　第二刷発行

著　者　養老孟司（ようろう・たけし）

発行者　喜入冬子

発行所　株式会社　筑摩書房
東京都台東区蔵前二―五―三　〒一一一―八七五五
電話番号　〇三―五六八七―二六〇一（代表）

装幀者　安野光雅

印刷所　明和印刷株式会社

製本所　株式会社積信堂

ISBN978-4-480-09171-0 C0145